V&R

Richard Pohle

Max Weber und die Krise der Wissenschaft

Eine Debatte in Weimar

Vandenhoeck & Ruprecht

Bibliografische Information der Deutschen Nationalbibliothek

Die Deutsche Nationalbibliothek verzeichnet diese Publikation in der Deutschen Nationalbibliografie; detaillierte bibliografische Daten sind im Internet über http://dnb.d-nb.de abrufbar.

ISBN 978-3-525-35822-1

Printed in Germany.
Druck und Bindung: Hubert & Co, Göttingen
Gedruckt auf alterungsbeständigem Papier.

Inhalt

1. Einleitung

Der Vortrag über »Wissenschaft als Beruf«, den Max Weber im November 1917 im gerade einhundertfünfzig Zuhörer fassenden Saal einer Schwabinger Buchhandlung hielt, war und ist seit jeher einer der prominentesten und faszinierendsten Vorträge Webers. Dies liegt einmal an der rhetorisch brillanten Mischung aus eindringlichen, zuweilen sogar poetischen Bildern einerseits und den klaren, oft auch scharfen Worten auf der anderen Seite, mit denen er die in seinen Augen unaufhebbaren Grenzen zwischen Wissenschaft, Politik und Weltanschauung deutlich macht. Es mag darüber hinaus auch daran liegen, daß er hier bei der Bestimmung der Möglichkeiten und Grenzen der Wissenschaft zugleich so etwas wie die Summe seines bisherigen Denkens zieht und nicht nur noch einmal einige seiner methodologischen Positionen wiederholt, sondern auch den künftigen Beruf der Wissenschaft in die großen Linien des abendländischen Rationalisierungsprozesses einordnet, die zu ergründen er sich unter dem gleichermaßen affirmativen wie resignativen Schlagwort von der »Entzauberung der Welt« lange Zeit intensiv bemüht hat. Was aber ganz sicher an diesem Vortrag fasziniert und damals wie heute gleichermaßen herausfordert, ist der Umstand, daß Weber hier einmal nicht als Forscher oder Politiker auftritt, sondern eben auch als Philosoph sichtbar wird. Zwar weigerte er sich zeitlebens, als solcher zu erscheinen, doch war es gerade diese »philosophische Existenz«,[1] die seine Zeitgenossen fesselte und die hier in nichts geringerem zum Ausdruck kommt als in dem rückhaltlosen Bekenntnis zu einem ganzen Erkenntnis- und Lebensideal – einem Ideal allerdings, von dem schon im Schwabinger Vortragssaal klar sein mußte, daß ihm in seiner radikalen Selbstbeschränkung kaum einer der Zuhörer wird folgen können.

Denn an Propheten und Erneuerern jeglicher Couleur fehlte es seit der Jahrhundertwende in Schwabing und anderswo keineswegs,[2] und auch die Reizworte wie »Leben«, »Jugend« und »Weltanschauung«, mit denen diese hausieren gingen, wurden bei der vom Krieg sensibilisierten Jugend bald ebenso ubiquitär wie politisch gefährlich.[3] Nichts dergleichen findet sich dagegen bei Weber. Weder bedient er die zur Mode gewordene Jagd nach dem »Erlebnis«, noch kann er mit dem Irrationalismus in einer seiner Spielarten aufwarten oder gar eine fertige »Weltanschauung« als den einen Weg zum Guten, Wahren und Schönen bieten.[4] Im Angesicht von Rationalisierung und der unaufhörlich voranschreitenden »Entzauberung der Welt«[5] ist es allein die zumeist entsagungsvolle Hingabe an die spezialwissenschaftliche Arbeit, für die Weber – wenigstens illusionslos – eintreten konnte.[6] Für einen Großteil der nach »Persönlichkeit« und »Weltanschauung« verlangenden Studenten war der in Aussicht gestellte Ertrag solcher Arbeit, nämlich Technik, Methodik, Klarheit und nicht zuletzt »intellektuelle Rechtschaffenheit« im Dienste der Selbstbesinnung,[7] allerdings wenig verlockend. Die unmittelbare Reaktion auf den Vortrag war dann auch dementsprechend kühl bis ablehnend. Unter den Zuhörern im November 1917, die nach Immanuel Birnbaum entweder als sog. »Bildungsfreunde« oder aber als »Schwärmer für den wissenschaftlichen Verstandesgebrauch« eine etwa gleichgroße Vetokoalition gegenüber Weber bildeten, fand sich lediglich ein kleiner Kreis, der sich seiner Position uneingeschränkt angeschlossen hätte.[8] Denn während die an einem klassischen Universitätsideal festhaltenden »Bildungsfreunde« seiner scharfen Trennung von Erkenntnis- und Wertungssphäre sowie seiner Absage an den akademischen Lehrer als Bildner der Persönlichkeit nicht folgen konnten, sahen die naiv-optimistischen »Schwärmer« die sinnstiftende Leistung reiner Fach*schulung* und die vermeintlich objektive Wissenschaft diskreditiert angesichts einer gerade ihrer Grenzen bewußten Fach*bildung*.[9]

Der Eindruck, den Weber hinterließ, war nichtsdestotrotz gewaltig: von imposanter Statur und in der Erscheinung durchaus an einen alttestamentlichen Propheten gemahnend sprach Weber frei und ohne Vorlage, wodurch der Vortrag nach Birnbaum eben zu einem wahren »Bekenntnis [wurde], das wie in stoßweisen Explosionen aus der Brust des Redners hervorbrach«.[10] Der ebenfalls anwesende Karl Löwith beschrieb die Wirkung ähnlich: »In seinen Sätzen war die Erfahrung und das Wissen eines ganzen Lebens verdichtet, alles war unmittelbar aus dem Innern hervorgeholt und mit dem kritischsten Verstande durchdacht, gewaltsam eindringlich durch das menschliche Schwergewicht, welches ihm seine Persönlichkeit gab. Der Schärfe der Fragestellung entsprach der Verzicht auf jede billige Lösung. Er zerriß alle Schleier der Wünschbarkeiten, und doch mußte jeder empfinden, daß das Herz dieses klaren Verstandes eine tiefernste Humanität war«.[11]

Daneben gab es jedoch auch diejenigen, denen der Vortrag eher wie ein »Schwanengesang« erschien.[12] Werner Mahrholz etwa, der den »Bildungsfreunden« zugerechnet werden konnte und der 1919 beim zweiten Vortrag der Reihe über »Politik als Beruf« den Vorsitz führte, notierte dazu: »Erschütternd ist die Stellung gerade der Führernaturen unter den Professoren: ihnen wird mehr und mehr die Wissenschaft zu einer Form des anständigen Selbstmordes, ein Weg zum Sterben in stoischem Heroismus«.[13] Dieser Eindruck verstärkte sich sogar noch, als der zunächst heimlich mitstenographierte Vortrag 1919, also nach Niederlage und Revolution, in leicht überarbeiteter Form im Druck erschien. Webers Schrift verbreitete sich schnell und war nun nicht mehr, wie es Max Scheler formulierte, einfach nur ein »document humain«, sondern wurde geradezu »das erschütternde Dokument einer ganzen Zeit.«[14] Einer Zeit und einer Wissenschaft nämlich, deren Wahrnehmung gleichermaßen wenn nicht schon vor dem Krieg, so doch spätestens seit Ende des Krieges von einem tiefen Krisenbewußtsein geprägt war und zu der sich trotzdem so illusions- wie schonungslos zu bekennen nicht nur einigen Mut bedeutete, sondern schon einem kalkulierten Affront gleichkam.

Denn in der Tat war die Krise – sei es die der Wissenschaft, des Historismus, der Kultur oder gleich die der gesamten Wirklichkeit[15] – der alles bestimmende Deutungshorizont nicht erst der 1920er Jahre. Und auch wenn dieser Horizont oftmals mehr diffus als klar umrissen erschien, so war er doch Ausdruck eines tatsächlich vielschichtigen und schon um die Jahrhundertwende einsetzenden Krisenbewußtseins vor allem im Bildungsbürgertum, in dem sich dessen rapide soziale Auflösung[16] mit der Erfahrung verband, daß in den Stätten seiner bisher weitgehend ungefährdeten Reproduktion, nämlich an den Gymnasien und Universitäten, Wissenschaft und Bildung längst auseinandergefallen waren, daß also der Zwiespalt zwischen funktionierendem Großbetrieb und individuellem Bildungserlebnis nicht mehr zu kitten war.[17] Vor allem für die sich ausdifferenzierenden Kultur- und Geisteswissenschaften kam dabei noch hinzu, daß diese sich zeitgleich in einem Prozeß grundlegender Neuorientierung befanden, da die Historie als lange Zeit eigentliche »Führungswissenschaft«[18] seit Nietzsche zunehmend ihre Orientierungskraft verlor und eine tiefe »Identitätskrise des historischen Bewußtseins«[19] hinterlassen hatte. Berücksichtigt man schließlich noch die gesellschaftlichen und oft auch materiell einschneidenden Erschütterungen des Ersten Weltkriegs,[20] so wird ersichtlich, welch existenzielle Bedeutung hier die Frage nach »Wissenschaft als Beruf« und nach dem »Beruf der Wissenschaft« gerade auch für angehende Akademiker und Wissenschaftler gewinnen konnte, an die Weber sich ja in erster Linie wandte. Vor diesem Hintergrund wird aber auch bereits deutlich, warum Webers entsagungsvoll nüchterne Antwort auf die sich anbahnende »Wissenschaftskrise« dann solch heftige Reaktionen provozieren konnte, die sich in der Folge zu einer intensiv geführten Debatte über Sinn und Aufgabe der Wissenschaft überhaupt ausweiten sollten und bei denen sein Vortrag stets die Angriffs- und Projektionsfläche des Kampfes gegen diese sog. »alte Wissenschaft« (Kahler) bildete.

Während diese Debatte, die sich zunächst aus dem George-Kreis heraus entzündete und bald auf weite Gebiete der Kultur- und Geisteswissenschaften übergriff,[21] in der zeitgenössischen Wahrnehmung selbst als »Krisis der Wissenschaft« (Kahler), als

»Revolution der Wissenschaft« (Krieck, Troeltsch) oder einfach als »Wissenschaftsstreit« (Kracauer) eine derart große Beachtung fand, daß sie bald schon zum »Gespräch des Marktes« avancierte und demgemäß so manchen Überdruß erzeugte,[22] ist sie heute oftmals nur noch eine Randnotiz zwischen dem einige Jahre zuvor ausgetragenen »Werturteilsstreit« innerhalb der Nationalökonomie und dem neuerlichen »Positivismusstreit« der 1960er Jahre.[23] Dennoch verfehlte man den Charakter dieser Debatte, wenn man sie nur als eine eben »zeittypische« Variation oder als Fortsetzung des Werturteilsstreites lediglich mit anderen Mitteln begreifen würde. Denn nicht nur der Kreis der Beteiligten ging weit über die eher begrenzte Auseinandersetzung innerhalb der Nationalökonomie hinaus, auch das eigentliche Thema hatte sich verändert. Zwar ging es immer noch auch um die Zulässigkeit praktischer Wertungen in der Wissenschaft, doch war dies längst keine Methodenfrage mehr. Jetzt, da es für viele »ums Ganze« ging,[24] wurde viel grundsätzlicher gefragt: Gibt es überhaupt einen Beruf der Wissenschaft und eine Wissenschaft, die trotz der mit Händen zu greifenden »Not der geistigen Arbeit« zum Beruf zu machen heute noch möglich ist? Kann es auf ihrem Boden überhaupt noch gelingen, das Bedürfnis nach »Persönlichkeit« und »Erlebnis« zu erfüllen und so die Kluft zwischen Wissenschaft und Bildung doch wieder zu schließen? Und worin liegt heute ihr Nutzen und Nachteil für das Leben? Ist sie es, die die erhoffte Führerin aus der allgemeinen Krise ist, oder vermag sie es wenigstens, solche Führer hervorzubringen?

Diese und ähnliche Fragen waren es, die an Webers Vortrag gestellt wurden, und die den Kern einer Debatte bildeten, in der sich wie kaum sonst in Weimar die verschiedenen bildungsbürgerlichen und intellektuellen Krisenerfahrungen bündelten und in der sich das diffuse Unbehagen an Wissenschaft wie Moderne auf den Begriff und das heißt hier auf den Dualismus von »alter« und »neuer« Wissenschaft bringen ließ, wie er im George-Kreis bereits früh formuliert wurde. Genau diese suggestive Opposition war es auch, die der Debatte in Weimar ihre große Aufmerksamkeit bescherte, schließlich ging es um nichts weniger, als um den endgültigen Bruch mit der Wissenschaftstradition des 19. Jahrhunderts, zu der sich Weber trotz allem noch einmal bekannt hatte – ein Bekenntnis zudem, das durch den plötzlichen Tod Webers 1920 noch einmal die besondere Dignität eines Vermächtnisses bekam.

Doch was war es genau, was hier zu diesem regen Widerspruch reizte? Warum rückte gerade Webers Vortrag, sei es in ausführlichen Repliken oder sei es auch nur in impliziten Bezugnahmen, in den Fokus dieser breiten Auseinandersetzung und blieb dort auch, ohne daß Weber (wie im Streit um die *Protestantische Ethik*[25]) noch einmal hätte nachlegen und den Streit befeuern können? War es die schonungslose Diagnose der Zeit, die von Weber vertretene Position oder doch eher die damit verbundene Haltung und Person Webers selbst, die den zum Teil leidenschaftlichen Widerspruch provozierte und wiederum andere zur Verteidigung Webers nötigte? Diese Fragen zu klären und dabei die Debatte selbst als ein hervorragendes Zeugnis des Ringens um die kulturelle Moderne begreiflich zu machen, ist die Absicht dieses Buches.

Um dies zu erreichen, soll zunächst »Wissenschaft als Beruf« selbst untersucht werden. Das Interesse gilt hier vor allem der Diagnose und der damit verknüpften Haltung Webers, da sich hierauf die unmittelbare Reaktion der Zuhörer des Vortrages bezog. Anschließend wird dann die sich an die Veröffentlichung anknüpfende Debatte betrachtet, wobei zunächst der ursprüngliche Streit innerhalb des George-Kreises im Vordergrund stehen soll, durch den die Auseinandersetzung ja überhaupt erst ins Rollen kam. Nach den Georgeanern ist schließlich der Fortgang der Debatte entlang der sich durch gemeinsame Fragestellungen und Kritikpunkte herausstellenden »Fraktionen« daraufhin zu untersuchen, welche Bedeutung dem Vortrag als Symptom, als Diagnose oder auch als mögliche Therapie für die Probleme der Zeit jeweils beigemessen wurde und welche Antworten oder Gegenentwürfe er provozierte. Das sich dadurch ergebende Bild aus Kritiken und Verteidigungen der Wissenschaft könnte dann dazu beitragen, die Wahrnehmung und den Stellenwert des Wissenschaftsstreites im Selbstverständigungsprozeß der Kulturwissenschaften dieser Jahre zu bestimmen und so neben einer Rezeptionsgeschichte dieses Vortrages, ohne die das Bild Webers in den 1920er und 30er Jahren gänzlich unverständlich bliebe,[26] durch die Konzentration auf die Debatte auch einen konkreten und zugleich doch relativ breiten Zugang zum sonst eher diffusen Diskurs dieser »Krisenjahre der klassischen Moderne«[27] zu bieten.

2. Der Ausgangspunkt der Debatte: »Wissenschaft als Beruf«

a.) Der Vortrag

»Wer sich ganz der ewigen Aufgabe hingibt, kann der in dieser Welt bestehen? Ist diese Hingabe innerlich, ist sie auch äußerlich heute möglich? Geistige Arbeit als Beruf?«[1] Diese Fragen, die in der Hoffnung auf ein »Sachverständigengutachten« an Max Weber gerichtet worden waren, standen am Anfang der Debatte. Gestellt hatten sie Immanuel Birnbaum im Namen des Freistudentischen Bundes in München. Denn die Freistudenten hatten als Sammlungsbewegung nichtinkorporierter Studenten zwar mit dem Couleurwesen und den bloßen, an der Wissenschaft wie an einer »Milchkuh« hängenden »Berufsstudenten« ein klares Feindbild,[2] allein, was sie positiv wollten und vor allem, wie sie zum Beruf als bürgerlicher Lebensform standen, das blieb (auch ihnen) oft unklar. Als dann im Mai 1917 Alexander Schwab, ein Freund Birnbaums und ein Freistudent aus dem Umkreis Gustav Wynekens,[3] in einer romantisch-antikapitalistischen Philippika auch und gerade den Freistudenten vorhielt, sich dem Berufsproblem bisher nicht gestellt zu haben,[4] reagierte die Münchner Gruppe um Birnbaum und Karl Landauer mit der Veranstaltung einer Vortragsreihe unter dem Titel »Geistige Arbeit als Beruf«, in der man sich von erfahrenen Praktikern aus Wissenschaft, Politik, Kunst und Erziehung Rat und Orientierung erhoffte.

Den ersten Vortrag der Reihe über »Wissenschaft als Beruf« hielt nun der schon von Schwab hierfür empfohlene[5] Max Weber am 7. November 1917 im Vortragssaal der Münchner Buchhandlung Steinicke.[6] Weber hatte, wie Birnbaum berichtet,[7] schnell zugesagt, da ihm das Thema offensichtlich »selbst am

Herzen lag«. Auf seinem sich mehr und mehr abzeichnenden Weg zurück auf den Katheder begegnete er nämlich einer Generation von Studenten, die ausgestattet mit einer ohnehin »stark entwickelten Prädisposition zum Sichwichtignehmen«[8] in seinen Augen Gefahr lief, einem »modischen Persönlichkeitskult«[9] zu verfallen. Kurz zuvor schon hatte er daher bei den vom Verleger Eugen Diederichs veranstalteten Kulturtagen auf der Burg Lauenstein ähnliche Themen berührt,[10] wobei er zwar mit seiner Haltung allgemein zu beeindrucken wußte, aber eben doch mit seiner Position nur bedingt Gehör fand.[11] Ähnliches berichtet auch Edgar Salin über einen der soziologischen Diskussionsabende im Hause Alfred Webers.[12] Schon dort habe Weber »in einer scharf zugespitzten, wuchtigen Rede« seine Auffassung von Wissenschaft (hier der Geschichtswissenschaft) entwickelt, die dann der Münchner Vortrag nur noch in weite Kreise getragen habe.[13] Auch vor dieser, zwei Stunden währenden Rede erschien alles bisher an diesem Abend Gesagte kaum mehr als belangvoll oder gar gewichtig, doch in der Sache verhielt es sich wie auf der Burg Lauenstein: sein Begriff von Wissenschaft, unter den nicht einmal Mommsens Römische Geschichte fiel (»Das ist keine Wissenschaft.«[14]), erschien den Anwesenden und hier vor allem den Georgeanern als zu rigoros, als daß er dem »Lebendigen« dienen und also für sie von Interesse sei könnte.

Nicht viel anders verhielt es sich letztlich auch beim Vortrag über »Wissenschaft als Beruf«. Der Saal war voll besetzt und trotz Webers anschließender Klage doch in der Mehrzahl von Studenten besucht.[15] Diese waren, wie es Löwith und Birnbaum berichten,[16] ebenfalls in der Mehrheit tief beeindruckt von dem bekenntnishaften Auftreten Webers, das »vom ersten bis zum letzten Satz ungern gehörte Wahrheiten«[17] enthielt. Dennoch zeigte sich auch hier, daß sich nur ein kleiner, vor allem an Methodenfragen interessierter Teil der Zuhörer seiner Position anschließen konnte,[18] während sich der übrige Teil zu der eigenartigen Vetokoalition aus »Bildungsfreunden« und »Schwärmern« zusammenschloß. Obwohl sich diese Koalition am lediglich lokal bedeutenden »Fall Foerster« entzündet hatte,[19] so war doch ihr von Birnbaum geschildertes Verhalten symptomatisch auch für die Reaktionen, die Webers Vortrag nach dessen Veröffentlichung 1919 ausgelöst hat. Denn noch vor aller methodologischen Kritik im Einzelnen, die solche Koalitionen wohl kaum zustande brächte, überwog bei den Zuhörern wie bei den Teilnehmern der späteren Debatte zunächst eine eigentümliche Mischung aus *Enttäuschung* und *Bewunderung:* Eine – vom Vortragenden durchaus einkalkulierte, wenn nicht gar gewollte – Enttäuschung darüber, daß sich Weber nicht nur dem erhofften Wort der Führung oder Erlösung entzogen, sondern dieses mit dem Verweis auf die prophetenlose Zeit sogar noch kategorisch ausgeschlossen hatte.[20] Zugleich aber auch eine Bewunderung über die sich gerade in der Ablehnung solcher Erwartungen manifestierenden Haltung, die man ungeachtet aller sonstigen Kritik unisono als »tragisch« oder »heroisch« wahrnahm[21] und letztlich als das erkannte, wonach zu *streben* für Weber töricht war: Persönlichkeit.

War also die schon vielfach als Kennzeichen der Moderne herangezogene »Habitus-Sehnsucht«[22] auch hier derart ausgeprägt, daß sie sogar eine entschiedene Absage an sie ignorieren, ja integrieren konnte? Oder war die Absage Webers an den von ihm diagnostizierten »Persönlichkeitskult« vielleicht doch nicht so entschieden, wie es auf den ersten Blick scheint? Die angedeuteten Ambivalenzen in der Reaktion auf den Vortrag bieten jedenfalls Anlaß genug, einmal gerade solchen Mehrdeutigkeiten in der Thematisierung der Persönlichkeit nachzugehen. Denn gerade dort, wo sich die von Wilhelm Hennis so exponierte »Fragestellung« Max Webers mit einem der zentralen Bedürfnisse seiner Zeit traf, könnte ein erster Schlüssel zum Verständnis der Debatte liegen.[23]

b.) Max Weber über »Wissenschaft als Beruf«

Auch wenn Weber den Vortrag frei hielt und sich dabei lediglich auf einige wenige Notizen stützte, ist in ihm dennoch eine klare Gliederung erkennbar. Diese ist nicht zufällig gewählt, sondern entspricht – in umgekehrter Reihenfolge – weitgehend den Vorgaben, die Birnbaum den Vortragenden der Reihe »Geistige Arbeit als Beruf« gegeben haben will.[24] Von den äußeren Bedingungen der Hingabe an die Wissenschaft als einer solchen geistigen Arbeit ausgehend fragt Weber nach dem heute notwendigen Maß an »innerlicher« Hingabe, um schließlich die Perspektive zu weiten und den Blick auf Wert und Aufgabe der Wissenschaft im »Gesamtleben der Menschheit« (in Birnbaums Frage: deren »Bestehen« in der Welt) zu lenken. Die vom Vortragenden wie von den Zuhörern und Teilnehmern der Debatte dabei gemeinsame geteilte Voraussetzung war natürlich ein noch waches Bewußtsein von der doppeldeutigen Semantik des »Berufes«, deren Entleerung Weber ja am Ende der »Protestantischen Ethik« in geradezu düsteren Worten wenn nicht festgestellt, so doch prognostiziert hatte[25] und aufgrund dessen er von den Freistudenten wohl auch eingeladen wurde.

Wissenschaft als Beruf

Dem ersten Teil des Vortrages wird in der Debatte, aber auch in der späteren Literatur vergleichsweise wenig Aufmerksamkeit zuteil, obgleich die materielle Seite des Berufsproblems (nicht anders als heute, aber am Ende des Krieges vor ungleich prekärerer Lage) keineswegs nur ein akademisches Randthema war.[26] Offensichtlich bewegte sich dieser weitgehend diagnostische Teil also ganz im Rahmen zeitgenössischer (und zeitloser) Wahrnehmung universitärer Wissenschaft.

Weber wählt zur Erläuterung der spezifisch deutschen Situation des Problems das amerikanische Modell zum Vergleich, und zwar deshalb, weil es zwischen beiden einerseits tiefe Unterschiede gibt, weil andererseits aber eine »Amerikanisierung« auch hier längst begonnen hat.[27] Greifbar werden die Unterschiede vor allem am Beginn einer akademischen Laufbahn im Gegensatz von *Privatdozent* und *assistant.*[28] Während der Privatdozent zwar relativ frei ist zu forschen und zu lehren, dabei allerdings kein festes Gehalt bezieht, ist der assistant eng in den Betrieb seines Instituts eingespannt, wird dafür aber bescheiden versorgt. Beruhte die akademische Karriere in Deutschland also wenigstens bis dahin wesentlich auf »plutokratischen Voraussetzungen«, so steht dem ein »bureaukratisches System« gegenüber, das alle Züge eines kapitalistischen Großbetriebes aufweist. Dazu gehört die Trennung des Forschers von seinen Produktionsmitteln ebenso wie die technische Effizienz der arbeitsteiligen Organisation, die keinen »Ordinarius alten Stils« mehr kennt, sondern nur noch den »Chef« und die von ihm abhängige »›proletaroide‹ Existenz« des assistant.

Daß Webers Gegenüberstellung der »althistorischen Atmosphäre« an deutschen Universitäten mit den amerikanischen Verhältnissen, die bald auch jenen alten »Geist« vertreiben werden oder ihn in Form der alten Universitätsverfassung bereits vertrieben haben, dennoch nicht zu einer heimeligen ›Wärmestube‹ für angehende Akademiker wird, liegt an der Zusammenführung beider Welten im Bild der Universitätslaufbahn als »wildem Hazard« – ein Bild, das sowohl das Glücklich-Zufällige wie das Moment des Wagnisses mit einschließt. Diese Laufbahn sei in Deutschland wie in Amerika weitgehend bestimmt von zufälliger Auslese und daraus resultierender Mittelmäßigkeit, so daß sich hier herausragende Gelehrte, die eben nicht zugleich auch gute Lehrer sein müssen, nicht wegen, sondern höchstens trotz des bestehenden Systems durchgesetzt haben. Im Hinblick auf die von Birnbaum gestellte Frage nach den äußeren Möglichkeiten geistiger Arbeit lautet Webers Antwort daher lakonisch: »lasciate ogni speranza«[29]. Wer das Tor zur Wissenschaft durchschreiten will, muß sich auf äußere Qualen ewiger Dauer einstellen[30] und darf schon insofern nicht erwarten, von dort ins Paradies zu gelangen.

Auch wenn sich in dieser Evokation düsterer Höllenqualen natürlich viel von Webers eigener Erfahrung mit Massenkollegien und universitärem Alltag spiegelt,[31] so bedeutet der erste Teil des Vortrages am Ende aber eben doch keine so deutliche Abkehr von der deutschen Universitätstradition, wie sie etwa einige Passagen des »Wertfreiheitsaufsatzes« nahelegen könnten.[32] Denn die prinzipielle Einheit von Forschung und Lehre wird als traditionelles Ideal ebensowenig verworfen wie eine pädagogische und »sittliche« Aufgabe des Lehrers, nämlich den Einzelnen zum selbständigen Denken und letztlich zur Selbsterkenntnis zu verhelfen, ihn also durchaus im Vollsinne zu ›bilden‹.[33] Statt mit diesen Idealen hier selbst ins Gericht zu gehen, scheint es Weber vielmehr darauf anzukommen, sie vor Mißverständnissen und damit vor einer Überforderung zu bewahren. Denn daß es ein Fehler ist zu glauben, diese Einheit (von Forschung, Lehre und Bildung) würde bereits qua Amt oder Autorität gewährleistet, ist ja ein Thema, das Weber in diesem Vortrag immer wieder variiert.[34] Dennoch ist diese Einheit keineswegs unmöglich. Weber deutet dies hier zumindest an, wenn er betont, daß der pädagogisch erfolgreiche, d.h. seine Studenten zum selbständigen Denken anregende Gelehrte noch über eine weitere »Kunst« verfügen muß, über die als »persönliche Gabe« eben nicht wissenschaftliche Qualifikation, sondern allein der Zufall entscheidet.[35] Worin diese Gabe jedoch genau besteht, ob hier z.B. ein pädagogischer Eros oder ein besonderes Charisma gemeint sein könnte, bleibt unaufgelöst. Festzuhalten ist aber, daß Weber den Gelehrten nicht auf seine Fähigkeit zu reiner »Fachschulung« reduziert wissen will, sondern auch Raum läßt für dessen pädagogische Aufgabe, in der seine »Persönlichkeit« ein irreduzibler Faktor ist.

Der Beruf zur Wissenschaft

War der Hazard nun das äußere Merkmal des Gelehrtenlebens, so ist er es in gewisser Weise auch noch beim »inneren Berufe zur Wissenschaft«.[36] Unter den Bedingungen einer bis dahin nie gekannten Spezialisierung sieht Weber diese innere Einstellung nämlich auf eine harte Probe gestellt. Denn das »Vollgefühl«, wirklich Dauerndes geschaffen zu haben, könne nur mehr eine »spezialistische Leistung« erzeugen, und dies auch nur, wenn man gleichsam das Schicksal seiner Seele daran hängt, ob man »diese, gerade diese Konjektur an dieser Stelle dieser Handschrift richtig macht«. Wer diese Hingabe nicht aufbringen könne, sei in der Wissenschaft fehl am Platz und müsse schlicht etwas anderes tun. Da das Hineinsteigern in einen solch wahnhaften Rausch nun aber ebensowenig einen guten Einfall garantiert wie harte Arbeit allein, ist man auch hier wieder einem »Hazard« unterworfen. Denn ob die »Eingebung« kommt oder nicht, ist ebenso unberechenbar wie der Umstand einer Berufung. Zwar kann man sie durch Leidenschaft und harte Arbeit »locken«, allein sie bleiben beide doch Gaben des Schicksals.

Auch die »Persönlichkeit« und das »Erlebnis« sind für Weber solche »Gnadengaben«.[37] Auch sie sind von schicksalhafter Unbestimmtheit und also nicht zu erjagen wie andere modische Götzen. Für die, die es dennoch versuchen, hat Weber darum nur bitteren Spott übrig. Wer der Wissenschaft innerlich dienen will, könne doch nicht »als Impressario der Sache, der er sich hingeben sollte, mit auf die Bühne [treten]«! Zwar ist das Bemühen, etwas so zu sagen, »das so noch keiner gesagt hat wie ich«, eine mögliche und durchaus auch verständliche Reaktion auf die Spezialisierung der Wissenschaft, doch würde jeder Versuch, mehr sein zu wollen als ein bloßer »Fachmann«, lediglich schwache Surrogate des Erhofften produzieren, nämlich »Sensation« und »Kleinlichkeit«. Nur wer hier wie auch sonst *»rein der Sache* dient«, könne die von vielen ersehnte Persönlichkeit haben. Ähnlich wie bei der Eingebung scheint dies allerdings nur die notwendige Bedingung zu sein. Nimmt man Webers Anspielung auf die »Gnadengabe« ernst, dann kann man auf sie wie auf die göttliche Prädestination zwar hoffen, substantielle Aussagen oder gar Entscheidungen über sie (etwa im Sinne der diese Mode bedienenden Weltanschauungs- und Persönlichkeitslehren[38]) sind dann jedoch der Wissenschaft genausowenig möglich wie dem Gläubigen die letzte Gewißheit über die eigene Auserwähltheit.[39]

Außer vom Hazard ist die »innere Einstellung« zur Wissenschaft aber auch noch durch etwas anderes geprägt. Eingespannt in den prinzipiell unendlichen wissenschaftlichen Fortschritt gerät sie nämlich unmittelbar in das Sinnproblem der Wissenschaft selbst.[40] Denn welche Konsequenz hat es für die Stellung des Wissenschaftlers zu seinem Beruf, daß seine Werke anders als die des Künstlers veralten können und geradezu ihren Sinn darin finden, von anderen »überboten« zu werden, weil sie mit jeder Antwort neue Fragen evozieren? Ein erster Versuch Webers, diese Frage zu beantworten, klingt zunächst wenig optimistisch: Abgesehen von dem rein praktischen Zweck, die eigenen Handlungen an wissenschaftlicher Erfahrung orientieren zu können, habe der Dienst an der Wissenschaft nämlich keine unmittelbar sinnstiftende Funktion mehr. Zwar sei er ein treibender Bestandteil im großen abendländischen Intellektualisierungsprozeß der Beherrschung und Entzauberung der Welt, doch trägt diese »fortwährende Anreicherung der Zivilisation mit Gedanken, Wissen, Problemen« nichts dazu bei, dem einzelnen Leben noch insoweit »Sinn« zu geben, daß es darin seine Existenz erfüllt sehen und schließlich »alt und lebensgesättigt« sterben könnte. Hier ist nichts mehr zu spüren vom »Anteil am Ewigen und Unendlichen« der Wissenschaft, an dem sich aufzurichten etwa der Philologe Ulrich von Wilamowitz-Moellendorff seinen Studenten noch nahelegen konnte.[41] Denn auch das positivistische Programm einer »Entzauberung der Welt« hat hier für die »innerliche« Hingabe an die Wissenschaft, nach deren Möglichkeit Birnbaum gefragt hatte, ihren eigenen naiv-optimistischen Zauber längst verloren und kann einen Beruf zur Wissenschaft jedenfalls nicht mehr ohne weiteres begründen. Wissenschaft sei nun einmal vor allem ein »*fachlich* betriebener Beruf« geworden,[42] der zwar Berufung und Hingabe erfordere, diesen aber die Verwirklichung beinahe notwendig verwehrt.

Was sich hier nach dem »stahlharten Gehäuse« der »letzten Menschen« anhört,[43] ist dennoch nur die eine Seite der historischen Entwicklung und der Antwort Webers. Denn zu zeigen, daß und inwiefern der Dienst am Fortschritt der Wissenschaft dennoch ein »sinnvoller Beruf« sein kann, ist die Absicht des dritten und längsten Teils der Antwort auf Birnbaum, bei der eben nach Sinn und Beruf der Wissenschaft in der Welt selbst gefragt werden soll.[44]

Der Beruf der Wissenschaft

Weber beginnt diese Erörterung mit einem historischen Exkurs, der zeigen soll, wie sich der Wert der Wissenschaft für das »Gesamtleben der Menschheit« verändert hat.[45] Stand die Wissenschaft und das Instrumentarium des Begriffes anfangs ganz im Dienst des guten Lebens der Polis, wurde sie, gestützt auf das Experiment als ihrem neuen Prinzip, mit der Renaissance zum Weg hin zur wahren Kunst und zur wahren Natur, um schließlich im Zeitalter der exakten Naturwissenschaften zumindest in bestimmten protestantischen Kreisen die Hoffnung zu nähren, sie sei auch so etwas wie ein Weg zu Gott. Nachdem zuletzt dann noch der naive Optimismus des vergangenen Jahrhunderts, in der Wissenschaft (abermals) einen Weg zum Glück gefunden zu haben, an der Kritik Nietzsches zerstoben war, scheine man jetzt nur mehr die Illusion solcher Sinnstiftungsversuche, ja überhaupt ihres Sinnes konstatieren zu können. Zwar entspräche diese Konsequenz durchaus dem düster-pessimistischen Bild, das Weber bisher von der Wissenschaft gezeichnet hat, doch würde dies gerade die eigentliche, an dieser Stelle aufgehängte Pointe Webers verkennen. Denn die hier nahegelegte und »einfachste« Schlußfolgerung, daß die Wissenschaft insgesamt sinnlos sei, »weil sie auf die allein für uns wichtige Frage: ›Was sollen wir tun? Wie sollen wir leben?‹ keine Antwort gibt«, macht Weber sich ausdrücklich nicht zu eigen, sondern läßt sie *den* Propheten der Jahrhundertwende ziehen: Tolstoj.[46] Nun ist dessen Antwort zweifelsohne moralisch integer und verdient insofern auch die Anerkennung Webers, doch kommt es hier allein auf deren Funktion an. Indem Weber nämlich mit Tolstoj geradezu den Idealtyp des weltverneinenden Gesinnungsethikers heranzieht, schafft er den geeigneten »rhetorischen Gegenspieler«,[47] um das Spezifische seiner eigenen Position deutlich zu machen. Denn er teilt zwar mit Tolstoj die Diagnose, daß Wissenschaft und Leben unwiederbringlich auseinandergefallen sind, doch anders als der Prophet und das Gros der zeitgenössischen Kulturkritik kann und will er sich nicht mit der »einfachsten« Antwort, der Weltflucht und der Abkehr von der Wissenschaft zufrieden geben. Als Vertreter eben dieser Wissenschaft ist seine Antwort differenzierter, für den Einzelnen sicher auch härter, dafür aber konsequent innerweltlich und Verantwortung nicht scheuend.

Statt also die Wissenschaft fundamental zu verneinen, weil sie die konkreten Probleme des Lebens nicht lösen kann, fragt Weber lieber nach dem *Wie* dieses Unvermögens, da eine Reflexion auf die Grenzen der Wissenschaft auch den Blick freigibt auf das in diesen Grenzen Mögliche. Im Mittelpunkt steht dabei die Unfähigkeit der einzelnen Wissenschaften, aus sich selbst heraus eine

Antwort darauf zu geben, warum gerade sie wertvoll und ihre Ergebnisse »wissenswert« seien.[48] Daß nämlich das Leben von den Naturwissenschaften technisch beherrscht oder von der Medizin erhalten werden soll, daß es Kunstwerke geben soll und die Kenntnis historischer Kulturerscheinungen wertvoll ist, das müssten sie bei ihrer Arbeit ebenso voraussetzen wie den Wert der Wahrheit überhaupt.[49] Sie könnten zwar daran appellieren, daß ihre Existenz immerhin die Teilhabe an der »Gemeinschaft der ›Kulturmenschen‹« garantiere, doch auch diesen Wert zu »beweisen«, sei ihnen streng genommen nicht möglich.

Diese These Webers von der prinzipiellen Unmöglichkeit wissenschaftlicher Wert*setzung*, deren epistemologische Begründung er hier schuldig bleibt,[50] deren Folgen in der späteren Diskussion dann aber eine herausgehobene Bedeutung haben werden, spielt er noch in einem anderen, konkreteren Bereich durch. Wie schon in der Werturteilsdebatte tritt Weber auch hier vehement dafür ein, »praktische Stellungnahmen« und Wissenschaft konsequent zu trennen, denn, so das berühmte Diktum: »Politik gehört nicht in den Hörsaal«.[51] Die Begründung dieser Formel ist dabei zunächst ganz praktisch. Wo wie im Hörsaal kein Widerspruch möglich ist, wo also vom Katheder ›gepredigt‹ werden kann, dort kann es auch keine Bewährung der gefällten Urteile geben, zumal wenn sie im Mantel vermeintlicher Tatsachen daherkommen. Daher also die Forderung, daß der Lehrer sich nicht zum »Führer« aufspielen[52] und – allein schon aus »intellektueller Rechtschaffenheit« – auf Werturteile verzichten oder aber diese als solche wenigstens kenntlich machen solle.[53] Doch auch die prinzipiellen Gründe für die Notwendigkeit einer wertfreien und »voraussetzungslosen« Wissenschaft werden hier im suggestiven Bild des »Polytheismus der Werte« zumindest angedeutet.[54] Anders als die Wertphilosophen etwa des Südwestdeutschen Neukantianismus ist Weber nämlich keineswegs der Meinung, man könne widerstreitende, letzte Werte in einem System übergeordneter Wertbeziehungen harmonisieren und so begründen. Vielmehr befänden sich diese wie konkurrierende Götter in einem »unlöslichen Kampf untereinander«, über den allein das Schicksal waltet. Nicht aus Verachtung gegenüber dem individuellen Ringen um solche letzten Werte, sondern gerade im

Gegenteil im Bestreben, die »spezifische Dignität« der jeweiligen Wertssphäre zu wahren,[55] müsse sich die Wissenschaft daher damit bescheiden zu bestimmen, *was* diese Götter im letzten sind, bzw. in welchen Beziehungen sie untereinander stehen. Vom Katheder herab ein Urteil darüber fällen zu wollen, welcher der Götter dabei vorzuziehen ist, hieße nämlich, der notwendigen Entscheidung des Einzelnen für sein je eigenes »Schicksal« zuvorzukommen und damit auch zu entwerten.[56] Gegenüber den »gewaltigen *Lebens*problemen« der Jugend mag eine solche Selbstbeschränkung zunächst wenig hilfreich erscheinen, doch dies sei, da das Christentum diesen Kampf der Götter nicht mehr mit rationaler, ethisch-methodischer Lebensführung zu bändigen vermag und also wieder »religiöser ›Alltag‹« angebrochen ist, das »Schicksal der Zeit«, das es zu ertragen gelte.[57]

Was bedeutet eine solche Selbstbeschränkung, weder Werte setzen noch Führer stellen zu wollen, aber für den Beruf der Wissenschaft? Soll sie im Angesicht des Schicksals diesen Alltag lediglich fachmäßig verwalten oder leistet sie darüber hinaus doch noch Positives auch für das Leben?

Daß es tatsächlich die erste und vordringliche Aufgabe der Wissenschaft sei, trotz dieses Alltags die Mittel zur technischen Beherrschung des Lebens zu lehren und bereitzustellen, ist im Unterschied zu Tolstoj durchaus Webers Meinung. Da er sich der möglichen und im Ganzen vielleicht sogar unvermeidlichen Konsequenz solch bloß »alltäglicher« Arbeit jedoch bewußt ist,[58] sieht er ihre Aufgabe darin aber noch nicht erschöpft. Neben Techniken und Methoden kann sie nämlich auch zur Klarheit verhelfen nicht nur über das Verhältnis von Mitteln zu vorgegebenen Zwecken, sondern in ähnlicher Weise auch und vor allem über die nicht selten unbequemen Konsequenzen der eigenen Ziele und Zwecke.[59] Diese und die ihnen zugrunde liegenden letzten Werte erkennen zu helfen und also den Einzelnen dorthin zu bringen, wo es heißt, »sich selbst *Rechenschaft zu geben über den letzten Sinn des eigenen Tuns*«, das sei die eigentlich philosophische und zuletzt »sittliche« Leistung, die Wissenschaft – trotz Nietzsche und Tolstoj – auch »für das rein persönliche Leben« noch erbringen könne.[60] Zu solcher Klarheit über sich und die eigene Zeit gehöre dann aber ebenso der Verzicht des

Lehrers, seinen Zuhörern »eine Stellungnahme aufoktroyieren oder ansuggerieren zu wollen,«[61] wie die Bereitschaft, das Schicksal der Zeit »männlich« zu ertragen und etwa die »prophetenlose Zeit« nicht durch Surrogate vom Katheder zu verhüllen.[62]

Für die Frage nach dem Beruf der Wissenschaft heißt solches Bemühen um Klarheit also anzuerkennen, daß Wissenschaft infolge von Rationalisierung und Intellektualisierung nun einmal zu einem »*fachlich* betriebenen Beruf« geworden ist und keine »Heilsgüter und Offenbarungen spendende Gnadengabe von Sehern, Propheten oder Bestandteil des Nachdenkens von Weisen und Philosophen über den *Sinn* der Welt«.[63] Es heißt aber auch zu erkennen, daß dies immer »im Dienst der Selbstbesinnung« geschieht, daß also Wissenschaft zwar nicht *den* Sinn der Welt zu liefern vermag, aber doch dort, wo dieser Sinn – wie in der modernen Gesellschaft – eben nicht mehr selbstverständlich gegeben ist, das menschliche Bedürfnis nach Selbstvergewisserung zu erfüllen hilft.[64] Die Frage Tolstojs danach, wie man das Leben nun konkret einzurichten und an welchem Sinn man sich zu orientieren habe, ist daher für Weber auch keine Frage, die an die Wissenschaft gestellt werden kann. Sie zu beantworten ist vielmehr Sache entweder des erst noch kommenden Propheten, oder aber, wenn und solange dieser auf sich warten läßt, die jedes einzelnen, indem er dem Dämon folgt, »der *seines* Lebens Fäden hält«.[65]

c.) Wissenschaft und Persönlichkeit

Webers Vortrag wurde kein nüchternes »Sachverständigengutachten«, wie es in Birnbaums Nachwort anklingt und wie es offensichtlich auch einige wenige vom Titel her erwartet hatten.[66] Denn schon die leitenden Fragen, die an Weber gestellt wurden, ließen ein solches gar nicht zu. Indem sie nämlich die Hingabe an die Wissenschaft als eine Form der Lebensführung grundsätzlich in Frage stellten und damit auch den Dämon berührten, dem Weber sich zu dienen entschlossen hatte, verlangten sie vom Vortragenden geradezu ein Bekenntnis und die Rechtfertigung des von ihm gewählten Schicksals. Auch wenn sich Weber sonst eher spöttisch über solche Bekenntnisse ausließ,[67] entzog er sich dieser Aufforderung nicht, zumal er zwar vor Studenten, aber eben doch nicht vom Katheder sprechen mußte, also nicht den selbstauferlegten Restriktionen unterworfen war.

Daß der Vortrag nun zu einem eindrucksvollen Bekenntnis und durch baldigen Tod Webers nicht nur eine Summe seines Denkens,[68] sondern geradewegs zu einer Art Vermächtnis wurde,[69] ist gemeinsamer Tenor von der unmittelbaren Reaktion über den eigentlichen »Wissenschaftsstreit« bis hin zu den jüngsten Kommentaren und Neulektüren. *Wozu* sich Weber aber »bekannte« und was dabei eigentlich der besondere »Ton« des Vortrags ist, darüber gehen die Meinungen weit auseinander. Abgesehen von der anschließend noch zu untersuchenden Rezeption der 20er Jahre lassen sich allein in der jüngeren Weberliteratur mindestens drei Interpretationslinien unterscheiden.[70] Die erste, eher rationalistische Lesart betont vor allem das *asketische* Moment und stützt sich vornehmlich auf Webers Invektive gegen alle Hoffnungen auf Sinngebung durch Wissenschaft. Für Rainer Lepsius etwa ist der Vortrag geradezu ein »Aufruf zur Gesinnungsaskese«, gleichsam ein »Kampf« gegen alle »Gesinnungsbedürftigen« zur Rettung der Möglichkeit »empirischer Erkenntnisgewinnung«.[71] Auch für Wolfgang Schluchter ist der Hauptgedanke des Vortrages vor allem dessen »asketisches Grundmotiv«.[72] Webers Forderung sei es hier, Wissenschaft als »entsagungsvolles, nicht versöhntes Leben« ebenso anzuerkennen wie die von ihr verlangte »innerlich bejahte Selbstbegrenzung«. Statt »faustischer Allseitigkeit« erfordere der zur Sinngebung unfähige wissenschaftliche Rationalismus allein den »selbstkritischen Fachmenschen«, der um den Zusammenhang von Tat und Entsagung wisse und ihn daher glaubhaft vorleben könne.

Gegenüber solchen Versuchen, in Webers Vortrag einen eindeutigen Appell für eine rationalistische Lebensführung zu sehen, betont die zweite Interpretationsrichtung mehr den *tragischen-heroischen* Gestus der Rede sowie die Nähe Webers zu Nietzsches Kultur- und Wissenschaftskritik.[73] Die von Weber beschriebene Rationalisierung der Moderne wird hier nicht als deren Erfolgsgeschichte, sondern im Gegenteil gerade als das »*drama* of civilization« verstanden,[74] das im »stahlharten Gehäuse« der Moderne seinen (vorläufigen) Endpunkt gefunden habe. Der Vortrag wie Webers ganzes Denken erscheint so als eine »Diagnose der Moderne«, die sich von illusionären Therapien verabschiedet hat und vom desillusionierten und auf sich selbst zurückgeworfenen Individuum einzig das »Standhalten« ihr gegenüber einfordert.[75] Seiner Haltung wird daher dann auch eine »Attitüde pessimistisch-heroischen Ertragens«[76] oder aber im Gegensatz zu Tolstojs Weltflucht ein »tragisch innerweltlicher Heroismus« bescheinigt.[77]

Da sich beide (natürlich auch gemischt denkbaren) Interpretationslinien durchaus mit jeweils guten Argumenten auf Webers Vortrag und das weitere Werk berufen können, versucht schließlich eine dritte Lesart, beide Positionen dadurch zu harmonisieren, daß sie sie in *ironischer* Distanz auflöst. So spiele Weber im Vortrag etwa bewußt die Rolle eines Mephisto, der selbst von einer Position jenseits des »Gehäuses« seine Hörer vor die »Wahl« des Unausweichlichen stellt und ihnen genüßlich dessen Folgen ausmalt.[78] In derselben Richtung urteilt auch Joachim Radkau, für den »Wissenschaft als Beruf« aus ähnlichen Gründen »einiges an Selbstverleugnung oder besser: Camouflage« enthält.[79] Passe doch z. B. seine Forderung nach strenger Spezialisierung so gar nicht mit der eigenen, die Fächergrenzen gerade so produktiv sprengenden Arbeitsweise zusammen und auch der dort konstruierte asketische, kritisch-rationale Wissenschaftlertyp widerspreche eigentlich der im Vortrag ebenfalls angedeuteten Vorstellung vom rauschhaften und naturhaft getriebenen Erlebnis der Wissenschaft. Die Botschaft sei daher auch weniger ein positives Bekenntnis als vielmehr die »Warnung«, ihm selbst auf diesem »schwindeligen Pfad zu folgen«.[80]

Welche von diesen Lesarten letztlich »Recht« hat, kann hier wie auch sonst natürlich nicht abschließend entschieden werden. Das liegt einmal daran, daß diese Interpretationen jeweils »ihren« Weber zugrundelegen, d. h. mit einem mehr oder weniger fertigen Bild von Weber (als dem großen Rationalisten, Pädagogen, Dämon etc.) den Vortrag zum Steinbruch für eindringliche Zitate gebrauchen. Es liegt aber ebenso am Vortrag selbst, der sich nicht nur durch die oft düster-prophetische Bildsprache einer eindeutigen Botschaft entzieht, sondern dem man mitunter auch die geradezu »schelmische« Freude anmerkt, seine Zuhörer durch möglichst drastische Urteile zu beeindrucken.[81] Daß diese Urteile dabei gelegentlich über das Ziel hinausschießen und dadurch ein inneres Gegengewicht zur »sachlichen« Position Webers aufbauen, macht vielleicht die Schwierigkeit aus, den Ton und die Haltung des Vortrages einzufangen.[82] Vor allem dort, wo Weber die Götzen des Erlebnisses und der Persönlichkeit niederzureißen versucht oder mit dem neuen Antiintellektualismus hart ins Gericht geht, verdeckt die Polemik mehr, als sie zu klären vermag. Denn er entlarvt zwar geradezu genüßlich die Versuche, vor der Intellektualisierung als dem »Schicksal unserer Zeit« in einen neuen Irrationalismus zu flüchten, selbst wieder als intellektualistische Romantik und als ebenso aussichtslos wie das »Ergrübeln« neuer Religiosität, doch ist damit der Intellektualismus noch immer auch der »Teufel«, den Weber zum Schutze jener irrationalen Sphären in seine Schranken weisen will, die sich bereits weitgehend aus der Öffentlichkeit zurückgezogen haben, um nur noch im kleinsten Gemeinschaftskreise, gleichsam »im pianissimo« zu wirken.[83] Ebenso ist auch das »Erlebnis« dadurch, daß sein Kult »an allen Straßenecken« anzutreffen ist, für Weber keineswegs diskreditiert, sondern im Gegenteil gerade ein besonderer Ausweis wissenschaftlichen Arbeitens, in dem der sonst von seinen Leidenschaften durch Scheuklappen separierte Forscher wenigstens für einen Moment wieder »ganzer« Mensch wird.[84] Ähnlich steht es schließlich mit dem Kult um die Persönlichkeit. Auch hier gießt Weber zwar wieder seinen ganzen Spott über denen aus, die diese durch außergewöhnliches »Erleben« erjagen wollen, und verweist sie statt dessen auf die wissenschaftliche Kärrnerarbeit,[85] doch wird damit der Rolle, die Persönlichkeit und Charakter im Vortrag spielen, eher verschleiert. Laufen doch die im weitesten Sinne ethischen und zugleich methodologischen Forderungen Webers (nach intellektueller Rechtschaffenheit, Selbstbeschränkung, Mut zur Selbstbesinnung etc.) letztlich in der Vorstellung zusammen, daß der Mensch nur noch in der eigenen Persönlichkeit, also in der erlebten Einheit der eigenen letzten Werte bei sich selbst ist und auch nur von dort aus frei und selbstbestimmt zur Welt Stellung nehmen und sie ertragen kann.[86] Die Wissenschaft mit der ihr immanenten Eigengesetzlichkeit ist dabei zwar nicht der Ort, an dem diese letzten Entscheidungen getroffen werden, sie vermittelt aber wesentliche Tugenden, um sich ihnen überhaupt stellen zu können. Insofern ist der suggestive Schluß des Vortrages, mit seiner merkwürdigen Opposition von einerseits nüchterner Pflichterfüllung (als der »Forderung des Tages«) und dem Finden des eigenen Dämons andererseits durchaus als Aufruf zu verstehen, zwar nicht *in* der Wissenschaft den Sinn der Welt wie des eigenen Tuns zu suchen, wohl aber *durch* Wissenschaft die Bedeutung der Frage danach überhaupt zu begreifen. Wer sich dann immer noch dazu berufen fühlt und vor allem den Mut hat, die Wissenschaft zu seinem Beruf zu machen und sich ihren strengen Anforderungen zu unterwerfen, der wird vielleicht auch in der Wissenschaft Sinn und Persönlichkeit finden, wenn sein Dämon es ihm denn gestattet.

Die hier nur angedeuteten Schwierigkeiten, Webers Vortrag in der Position wie im Ton gerecht zu werden, spiegeln sich natürlich auch in der nun zu untersuchenden Debatte um »Wissenschaft als Beruf«. Sollte dabei wenigsten die Ambivalenz dieses Vortrages im Spannungsfeld von Nüchternheit und Leidenschaft, Rationalismus und Persönlichkeit, letztlich also von Wissenschaft und Leben, deutlich geworden sein, so ist das Ziel des Bisherigen erreicht. Denn mit einem allein rationalistischen oder positivistischen Weberbild, wie es lange Zeit vorherrschte, wäre zwar zu erklären, warum Weber zum Feindbild wurde. Die Eigenart der Debatte aber, nämlich in weiten Teilen von einem schlechten Gewissen begleitet zu sein, wäre dadurch nicht zu erfassen. Unabhängig von der Positionierung in der Debatte zeigte sich nämlich vor allem bei denen, die mit Weber in Heidelberg bekannt waren – und das waren ja nicht nur die an der Debatte beteiligten Georgeaner –, das gemeinsame Unbehagen, den Angriff auf die »entpersönlichte Fachwissenschaft« ad hominem und ausgerechnet am »sehr eigenartigen und singulären Max Weber« vollzogen zu haben,[87] dessen Persönlichkeit den Vergleich mit der des »Meisters« nicht zu scheuen brauchte.[88] Welche Gründe hatte es also, daß die Georgeaner trotzdem diese bald sehr scharfe Auseinandersetzung führten? Was war der Gegenstand ihres Streites und was ihre gemeinsame Grundlage? Vor allem aber, wie verstanden sie »Wissenschat als Beruf« überhaupt und wie versuchten sie ihrerseits die Spannung von Wissenschaft und Leben zu lösen?

3. Die Debatte im George-Kreis

a.) Wissenschaft im Georgekreis

(K)ein Weg zur Wissenschaft?

»Von mir aus führt kein Weg zur Wissenschaft«.[1] Dieses von Edgar Salin kolportierte Diktum Stefan Georges hat mit seiner vermeintlichen Absolutheit wie kaum ein anderes die Auseinandersetzung um die Wissenschaftsauffassung des Kreises bestimmt. Doch obschon Salin die Authentizität dieses so prägnanten Satzes ausdrücklich bekräftigte,[2] ist dessen analytischer Wert bald schon in Zweifel gezogen worden.[3] Denn zu offensichtlich waren die persönlichen und intellektuellen Verknüpfungen und Filiationen, die zwischen der Welt des Dichters und der der Wissenschaft bestanden, als daß dieses Diktum mehr sein konnte als eine nur dem Kairos verpflichtete »Momentäußerung« Georges.[4] Zum Kreis um George zählten nämlich nicht nur fast ausschließlich Akademiker und anerkannte Wissenschaftler wie Norbert von Hellingrath, Friedrich Gundolf, Max Kommerell, Karl Reinhardt, Friedrich Wolters oder Kurt Hildebrandt – um nur die engsten Freunde zu erwähnen –, auch die Publikationspraxis des Kreises war etwa mit den drei »Jahrbüchern für die geistige Bewegung« oder den unter dem Signet der »Blätter für die Kunst« beim Verlag Georg Bondi erscheinenden »Werken der Schau und Forschung« ganz auf die kulturgeschichtlichen Disziplinen gerichtet und übte dort auch einen nachhaltigen Einfluß aus.[5] Was hatte es also mit dem suggestiven Diktum Georges auf sich und wo stand der Kreis überhaupt in den kulturellen Debatten nach der Jahrhundertwende?

»In ganz Deutschland ist um 1890 nicht nur politisch, sondern auch geistig etwas Neues zu spüren, und zwar beides zueinander in umgekehrter Reihenfolge. Politisch ging es abwärts, geistig wieder aufwärts«.[6] Was hier geistig wieder auferstand, waren nach dem Urteil des Historikers Friedrich Meinecke vor allem Kunst, Dichtung und die Geisteswissenschaften, die eines gemeinsam hatten: die Verbindung einer »tiefen Sehnsucht nach dem Echten und Wahren« mit einem »neuen Sinn für die zerrissene Problematik des modernen Lebens«, von dessen »zivilisierter Oberfläche« es immer wieder hinabzog in eine »bald unheimliche, bald lockende Tiefe«.[7] Diese zutiefst dualistisch geprägte Wahrnehmung der Moderne, in der Politik gegenüber Kultur, Natur- gegenüber Geisteswissenschaften und wahre, echte Tiefe gegenüber einer zerrissenen Oberflächlichkeit ausgespielt wurde, war, wenngleich noch um beliebige Dualismen erweiterbar, durchaus typisch für die Diagnosen und Diskussionen der Jahrhundertwende, wie sie in intellektuellen Kreisen wie dem um George gepflegt wurden.[8] Die zahlreichen, an der Kunst ausgerichteten Therapien, die demgegenüber propagiert und zumeist schon in der Diagnose mitangelegt waren, bündeln sich dabei in wenigen Brennpunkten. Da ist einmal die Chiffre der *Jugend*, die als kulturelles und keineswegs biologisch fixiertes Konstrukt eine auf die Zukunft gerichtete und damit dynamische Perspektive jenseits der starren Klassen und Gesellschaftsnormen bildete und deren Höhepunkt und sinnfälligster Ausdruck 1913 der Freideutsche Jugendtag auf dem Hohen Meißner war.[9] Mit der Idealisierung der Jugend war dann auch die Ablehnung der *Masse* verbunden. Der zunehmend sich beschleunigende Verkehr der Menschen untereinander, der Waren und nicht zuletzt des Geldes wird zu einer Krankheit an Körper und Geist stilisiert, die eigentliche Kultur geradezu verhindert.[10] Der intellektuelle Repräsentant für solche Beschleunigung des Lebens und für die Vermassung auf allen Gebieten war dabei der *Journalist*, dem vor allem der Makel der Oberflächlichkeit und Nivellierung anhaftete und dessen Arbeit darum zu einer idealen Kontrastfolie wurde, vor der die Beschwörung von im klassischen Sinne bildenden, ewigen Werten und Gestalten nur um so dringlicher erschien – wenngleich dieser Dringlichkeit nicht selten gerade journalistisch Ausdruck gegeben wurde![11] Schließlich, wenn auch nicht abschließend, konzentrierte sich die Hoffnung auf eine Umstrukturierung oder eher noch gänzliche Neugestaltung vornehmlich der Kultur- oder *Geisteswissenschaften*, bei denen an die Stelle des »lebensfeindlichen« Positivismus und auflösenden Historismus des 19. Jahrhunderts wieder die Vermittlung von zumeist aus der Antike geschöpftem Orientierungswissen treten sollte.

In diesen Debatten, die bis in die dreißiger Jahre hineinreichten, waren die Mitglieder des George-Kreises und auch George selbst keinesfalls »Pioniere der Kritik«, vielmehr waren sie in ihrer Orientierung an Nietzsche als Kritiker und Platon als Bildner einer Kultur sehr wohl konsensfähig, wenn nicht sogar schon konventionell.[12] Dennoch erhielten die Schriften des Kreises dadurch, daß dieser nach außen hin als relativ geschlossene, elitäre Einheit auftrat und die von ihm propagierten Vorstellungen eines neuen Lebens und einer neuen Wissenschaft auch konkret zu verwirklichen schien,[13] ein besonderes Gewicht, wovon nicht nur seine zentrale Rolle in Ernst Troeltschs Panorama der »geistigen Revolution« zeugt, sondern auch der Umstand, daß dieser »die Weltanschauung des George-Kreises« zur Preisaufgabe der philosophischen Fakultät machen wollte.[14]

Für die frühe Auseinandersetzung des Kreises mit den Grenzen der Wissenschaft und ihrem Verhältnis zu Dichtung und Leben stehen nun vor allem die drei Bände des »Jahrbuchs für die geistige Bewegung« (1910–1912), die von Friedrich Gundolf und Friedrich Wolters gemeinsam herausgegeben wurden und die zugleich programmatisch wie exemplarisch den Kampf gegen die bisherige Wissenschaft führen sowie überhaupt das „Jahrhundert in die Schranken [fordern]" wollten.[15] Mit dem »Geheimen Deutschland« sollte dort jenseits der Wilhelminischen Gegenwart ein »geistiges Reich« geschaffen werden, in dem die Heroen des Kreises, also Platon, Dante, Shakespeare, Goethe, Hölderlin und George in ihrer erzieherischen Bedeutung erfaßt und als Maß einer neuen, aufnahmebereiten Jugend exponiert werden.[16] Das Ziel der Jahrbücher war daher sowohl ein kritisches wie ein erzieherisches: betrieben die einen Autoren, allen voran Wolters und Hildebrandt, eine »öffentlichkeitswirksame Agitation«,[17] bauten die anderen, hier vor allem Friedrich Gundolf, am »geistigen Reich«, indem sie den Wert der gemeinsamen Vorbilder beschworen.[18] Für die Wissenschaft bedeutete dies, daß die Jahrbücher einerseits eine scharfe Absage an ihre bestehende Zeitform darstellten, andererseits aber auch »Richtlinien« für die Erneuerung derselben aufstellen sollten.

Eine solche positive Programmatik versuchte gleich im ersten Jahrbuch Friedrich Wolters zu entwickeln.[19] Er unterschied grundsätzlich zwei Kräfte des menschlichen Geistes, nämlich die *schaffende* und die *ordnende* Kraft. Während die *schaffende* Kraft durch Handeln, Gestalten und Schauen eine geistige Welt aus sich und dem »unbegreifbaren Gottgrunde« heraus erzeuge, bedeute die *ordnende* Kraft die Zerlegung und Ordnung des bereits Vorhandenen in logische Formen. Auch ihr sind mit Forschen, Anwenden und Wissen drei Betätigungsarten zugeordnet, die entweder die »fliessenden weltbewegungen« in Zustandsbeschreibungen und in ein »netz der begriffe« einfangen (Methode der Forschung),[20] diese Ergebnisse dann technisch zum Nutzen aller umsetzen (Anwendung), oder aber die logische Einheit der Welt in einem System zu erkennen suchen (Wissen). Diese beiden Grundkräfte, die im Gegensatz von Kultur und Wissenschaft nicht ganz aufgehen, aber eben doch darauf hinauslaufen, stehen nun in einer »ewigen wechselwirkung« von »Leben verströmendem« und »Leben verbrauchendem« Geist, die aber – ganz wie bei Nietzsche und daher wenig überraschend[21] – gegenwärtig zu Gunsten der verbrauchenden Kraft gestört ist, weshalb eben nur noch unaufhörlich an der »toten kruste« der Stoffmassen gekratzt und diese in bereits erstarrte Formeln zu gliedern versucht werde. Will Wissenschaft dagegen »lebendig« sein, will sie Anteil haben an den »quellen der Schaffenden Kraft« und so Bildung des »ganzen menschen« werden, dann habe sie sich der intuitiven Schau und der Verkündigung neuer Werte durch den schaffenden Dichter zu unterwerfen und ihm zu dienen,[22] sei es dadurch, daß sie die exemplarischen Vorbilder jener Werte beschreibt, oder dadurch, daß sie als Erzieherin der Jugend an Universitäten und Schulen auf die Dichtung hinwirkt.[23]

An diesem Verhältnis von Wissenschaft und Dichtung hielten auch die beiden folgenden Jahrbücher fest. So diagnostizierte

Friedrich Gundolf, ausgehend ebenfalls von zwei widerstreitenden Grundtrieben,[24] eine folgenschwere »emanzipation der werkzeuge«, also der nicht gebundenen leiblichen Kräfte, die in den »Wahn« des 19. Jahrhunderts mündete, »wissen sei ein endzweck«.[25] Es fehle ein erlebbares »bindekräftges zentrum«, von dem aus die bloß relativen Beziehungen an feste Wesenheiten, Wissen an Bildung und überhaupt alle zentrifugalen Kräfte an den Leib gebunden werden könnten.[26] Ein solches Zentrum aber finde sich in den (vom Kreis beschworenen) Vorbildern, also in den großen, selbst »Mitte« habenden schöpferischen Menschen.[27] Im dritten Jahrbuch schließlich wird diese Position von den Herausgebern noch einmal bekräftigt.[28] Wissenschaft wird dort als Wirkung eines »lebenstriebs« aufgefaßt, der sich der Welt durch Erkennen und Ordnen bemächtigen will, der jedoch von seinem »schöpferischen ursprung« getrennt sei und daher das Leben unterjoche. Wo diese Wissenschaft zu solch rückhaltlosen Konsequenzen gelange wie in der Energetik Wilhelm Ostwalds, oder wo die Methode der Geisteswissenschaften dahin führe, die »größten werke des geistes totzureden« oder eben die Griechen zu »journalisieren«, dort habe man dann das Recht, »diese wissenschaft nicht nur zu verachten sondern aufs äußerste zu bekämpfen«.[29]

Diese bei aller sonstigen Unklarheit doch wenigstens eindeutig scheinende Ablehnung »der« Wissenschaft, die vor allem im Hinblick auf das dritte Jahrbuch selbst unter den dem Kreis zugeneigten Wissenschaftlern blankes Entsetzen hervorgerufen[30] und bereits einen ersten kleineren »Wissenschaftsstreit« innerhalb des Kreises ausgelöst hatte,[31] täuscht jedoch über die diesbezüglichen Differenzen auch in den Jahrbüchern eher hinweg. Denn da hier von einer gemeinsamen Methode oder gar von einem einheitlichen Wissenschaftsbegriff, der über die bloße Feststellung des Primats der Dichtung hinausgeht, nicht die Rede sein konnte und so letztlich einfach der Objektivitätsanspruch der »alten« Wissenschaft nur eben mit einem negativen Wertakzent übernommen wurde,[32] finden sich neben kruden Absagen an deren »geistige Güter« überhaupt[33] auch Passagen, in denen mit der absoluten Gültigkeit ihrer Ergebnisse argumentiert wird.[34] Als »Kampfschriften« konzipiert[35] und ebenso journalistische wie wissenschaftliche Mittel gebrauchend, vermochten es die Jahrbücher daher nicht, an die Stelle der gemeinsamen Überzeugung von einer nachteiligen Wirkung der Wissenschaft auf das Leben das Konzept einer neuen, einheitlichen Wissenschaft zu setzen, so daß denn auch ein viertes Jahrbuch nach dem Krieg trotz Georges Wunsch nicht mehr zustande kam.[36] So blieb es letztlich bei der unentschiedenen Situation, daß die akademische Laufbahn einerseits der auch von George bevorzugte »Brotberuf« der Kreismitglieder war[37] und er selbst deren Arbeiten nicht nur interessiert verfolgte, sondern sie sogar zu wissenschaftlicher »Redlichkeit« anhielt,[38] daß *die* Wissenschaft andererseits aber in ihrer überkommenen Form weiter als Inbegriff aller negativen Tendenzen des modernen Zeitalters – wenn auch mit deren eigenen Mitteln – bekämpft und auf deren Neuausrichtung hingearbeitet wurde. Von einer Entschiedenheit des »Meisters« oder des Kreises in dieser Frage, wie sie das eingangs zitierte Diktum Georges suggeriert, kann jedenfalls nicht die Rede sein. Es verdeckt vielmehr die Spannungen, die sich aus den Anforderungen eines »hohen Lebens« im Kreis und denen der wissenschaftlichen Arbeit der Georgeaner zwangsläufig ergaben, wovon nicht nur der Streit um Max Weber, sondern genauso auch das sich lange anbahnende Zerwürfnis Georges mit Friedrich Gundolf zeugen.

Max Weber und Friedrich Gundolf

Daß nun Max Weber mit seinem Vortrag in den Fokus dieser zunächst also ebenso kreisinternen wie dann grundsätzlichen Auseinandersetzung geriet, liegt zum einen sicher an den lokalen Besonderheiten einer Kleinstadtuniversität wie der Heidelbergs, in deren intellektuellem Milieu die zahlreichen Kreise und die darin gepflegten persönlichen Bekanntschaften und Rivalitäten zu einem realen Abbild der Kämpfe auf dem wissenschaftlichen Feld der Zeit haben werden können.[39] Nicht zufällig war dann auch ein Großteil der an der Debatte Beteiligten (neben Weber außerdem noch Curtius, Kahler, Salz, Salin, Troeltsch, Rickert) mit diesem Mikrokosmos eng verbunden. Mehr noch als dieser genius loci aber war es die Person Friedrich Gundolfs, die zumindest für den Begin der Debatte eine Schlüsselrolle spielte.

Gundolf, der nicht nur lange Zeit als Lieblings- und »Urjünger« Georges galt[40] und durch den in den Jahren nach 1910 Heidelberg zur »geheimen Hauptstadt des geheimen Deutschlands« wurde,[41] sondern der auch zu Weber ein ebenso kollegiales wie freundschaftliches Verhältnis unterhielt, war gleichsam die Brücke, die beide Ufer des Neckar und damit die beiden großen Antipoden Heidelbergs verband: War er es doch, der zum einen die wenigen und letztlich ergebnislos gebliebenen Treffen dieser beiden grundverschiedenen Geister vermittelte, der ferner zugleich wachsende Reputation als Literaturwissenschaftler genoß und doch wie kaum ein anderer Jünger für die Außenwirkung des Kreises stand[42] und über den schließlich die Auseinandersetzungen zwischen den »Weltanschauungen« Webers und denen des George-Kreises liefen.[43]

Als Vermittler in ganz eigener Mission stand Gundolf dann auch am Begin der Debatte um »Wissenschaft als Beruf«. Sehr zum Mißfallen Georges hatte er nämlich den aufsehenerregenden Angriff Erich von Kahlers auf Weber, durch den die Debatte erst in Gang kam, protegiert und dessen Erscheinen im Verlag Georges durch seine Initiative und Begeisterung überhaupt erst ermöglicht. Über die Gründe Gundolfs für die massive Unterstützung Kahlers kann dabei nur spekuliert werden. In einem Brief an Kahler bekennt er: »Bedewe [d.i. Kahlers »Der Beruf der Wissenschaft«; R.P.] ist mein Nesthäkchen und außerdem meine ›*revanche*‹«.[44] Wofür wollte er sich hier aber revanchieren, und bei wem? Es liegt tatsächlich nahe, Webers Vortrag, auf den Kahler ja seinerseits replizierte, direkt auf den George-Kreis oder noch genauer als Antwort auf einen Artikel Gundolfs aus dem zweiten Jahrbuch zu beziehen, in dem er von der Wissenschaft gerade die Wertsetzung gefordert hatte.[45] Im Hinblick auf die Umstände des Vortrags jedoch (vor Freistudenten in München und sechs (bzw. acht) Jahre nach Erscheinen des zweiten Jahrbuchs) und auf die bereits zur Zeit der Jahrbücher stattgefundenen Auseinandersetzungen zwischen Gundolf und Weber,[46] sollten zumindest Zweifel daran bestehen, die Antiposition in Webers Vortrag ausschließlich den Georgeanern zuzuschreiben, die sich in der pessimistischen Grundhaltung ja durchaus mit Weber trafen und auf die im Vortrag selbst kaum mehr als die Absage an das Prophetenamt Georges anspielt. Wirklich handfeste Gründe für eine »Revanche« Gundolfs bietet der Vortrag jedenfalls keine, und so ist auch die Möglichkeit, daß sich diese z. B. gegen George gerichtet haben könnte, der wohl am meisten über sie erbost war, nicht restlos auszuschließen. Wofür und bei wem sich Gundolf aber auch revanchieren wollte, so war es letztlich doch seine Initiative, die den Streit anfachte und die den Kreis zur Lösung der in ihm – wie in Gundolf selbst[47] – bestehenden Spannungen zwischen Wissenschaft, Leben und Dichtung drängte.

b.) Ernst Robert Curtius: Die erste Rezension

Bevor nun Kahlers aufsehenerregende Replik im August oder September 1920 an die Öffentlichkeit gelangte,[48] war die Debatte bereits durch eine erste kritische Rezension vom Januar desselben Jahres eröffnet worden, die auch aus dem Kreis, wenngleich aus dessen äußerer Peripherie kam.[49] Sie stammte von dem Romanisten Ernst Robert Curtius, der ebenfalls eng mit Gundolf befreundet war, dessen Verhältnis zu George sich aber seit Erscheinen seines ersten wichtigen Buches über »Die literarischen Wegbereiter des neuen Frankreich« (1919) bereits merklich abzukühlen begann. Auch wenn Curtius also keinen festen Platz mehr im Staate Georges besaß, so sprechen doch seine nicht abgebrochenen persönlichen Beziehungen zum Kreis um George, vor allem aber die von ihm verwandten und in der Debatte wiederkehrenden Topoi sowie auch der Ton seiner ganzen Rezension dafür, seine Entgegnung als eine Äußerung zumindest aus dem Geiste des Kreises zu behandeln.[50]

Die Rezension von Curtius sollte, wie von der Schriftleitung der »Arbeitsgemeinschaft« zuvor ausdrücklich betont wurde, eine Replik werden in der Absicht, besonders die »Schroffheit« im Urteil Webers über das Verhältnis von Wissenschaft, Bildung und Leben zu korrigieren, um damit zugleich die Grundlagen der neuen Volkshochschulbewegung zu rechtfertigen, die sich gerade der Verbindung dieser drei Elemente verschrieben hatte.[51] Curtius nimmt auf diese Bewegung selbst jedoch keinen Bezug. Seine Auseinandersetzung ist grundsätzlicher, sieht er doch in Webers Vortrag eine typische und durchaus auch verständliche »Abwehrreaktion« des »Dozenten von 1919«.[52] So räumt er ein, daß angesichts der jungen Generation der Kriegsteilnehmer, die in Verachtung des bloßen Tatsachenwissens überall auf ein Absolutes hinauswollten und dabei gelegentlich die »logische und sachliche Zucht« vermissen ließen, den Vertreter der Universitätswissenschaft tatsächlich schon einmal ein »Mephisto-Lächeln« oder eine »müde Resignation« überkommen könne. Allerdings müsse seine durchaus nachvollziehbare Kritik trotz allem stets fruchtbar bleiben und »den besten Lebenswillen der heutigen Jugend bejahen« – eine pädagogische Aufgabe, die Weber im Vortrag habe vermissen lassen. Trotz dieses schwerwiegenden Mankos bietet der Vortrag für Curtius aber immerhin noch einen gewissen »ästhetischen Reiz«, der darin besteht zu sehen, wie eine so festumrissene Persönlichkeit wie Weber schon durch die Art seines Zitierens (Jesaja, der Psalter, Tolstoj) eine »ungewollte [...] Selbstcharakteristik« über das Problem der Wissenschaft gibt, wie also in einer Person all deren widerstreitende Tendenzen eindrucksvoll vereinigt sind.[53]

Den Kern der Rezension bildet jedoch nicht in erster Linie die Haltung des Vortrages, sondern dessen inhaltliche Kritik, die der Windelband-Schüler Curtius vor allem auf den für ihn sehr einseitigen, zu engen und letztlich »philosophisch nicht genügend durchdachten« Wissenschaftsbegriff konzentriert.[54] Dieser scheint ihm nämlich zu sehr an der modernen Naturwissenschaft und deren Akribieideal orientiert, als daß man ihn zum »einzigen und ewigen Archetyp systematischen Erkenntnisstrebens« machen dürfe. Anerkenne man dagegen dessen »substanzielle« Verschiedenheit etwa von der griechischen Episteme, dann, so sein ontologisches Argument, erweise sich Webers Vorstellung von einem kontinuierlichen Fortschritt der Wissenschaft als reine »Fiktion«, da sich Fortschritt (im Gegensatz etwa zum Wandel) eben nur an einem »identisch verharrenden Objekt«, d.h. an einer gleichbleibenden Substanz vollziehen könne. »Vollends sinnlos« werde Webers Fortschrittsbegriff für Curtius in den Geisteswissenschaften, vor allem aber in der Philosophie, da es hier allenfalls einen Zuwachs, niemals aber einen Fortschritt gebe, denn: »Platon kann nicht überholt werden«.[55]

Ähnliche Reflexionsdefizite will Curtius auch im Hinblick auf den von Weber behaupteten »Widerstreit der Werte« sowie bei dessen Angriff auf Persönlichkeit und Erlebnis erkannt haben. Während ersterer nichts weiter sei als eine – nicht einmal einleuchtende – »axiologische These«, die mit gleichem Recht auch als »Symptom einer Wertanarchie« betrachtet werden könnte, übergehe Weber in der Frage nach dem Wert der Persönlichkeit im Erkenntnisprozeß das eigentliche Problem. Die Forschung »rein um der Sache willen« sei nämlich lediglich die Einstellung des »resignierenden, vom Kantischen Pflichtethos beherrschten Menschen des 19. Jahrhunderts« und ignoriere die platonische Tradition, in der nichts weniger als die »Liebesbeziehung zum Erkenntnisgegenstande eine methodische Voraussetzung des Erkennens« sei.[56] Statt hier Persönlichkeit und Erlebnis von vornherein aus den Bedingungen wissenschaftlicher Erkenntnis auszuschließen, müsse vielmehr je nach »Wissenschaftsgruppe« deren Funktion neu reflektiert werden, wobei Curtius für die historischen Kulturwissenschaften immerhin die Vermutung äußert, daß hier ohne das Erlebnis von Wertqualitäten kein Ertrag möglich sei und im Hinblick auf so manchen lebensfernen Gelehrten eine »Erlebnispflicht« deshalb geradezu wünschenswert wäre. Nachdem Curtius durch diese (vor allem im Vergleich zur sonst oft kruden oder enthusiastischen Weberkritik) auffallend vorsichtig vorgetragenen Argumente die »theoretische Basis« der praktischen Folgerungen Webers erschüttert sieht, ist dann aber doch der Weg frei für die »kritische und fordernde Stellung der heutigen Jugend«, in deren Überschwang er sich bereitwillig einreiht. Eine generationelle Gemeinschaft beschwörend (»wir aber wissen, daß…«) wird dort die »Gesamtanschauung« und »Sinndeutung des Menschentums« als Voraussetzung jeder Wissenschaft gefordert, ein *der* Jugend evidentes Wissen vom Heiligen, Guten oder Wahren behauptet und schließlich daraus ein Primat der Bildung vor der Forschung bzw. des Menschen vor dem Gelehrten abgeleitet, der sich nirgends besser bestätigt finde als eben in der Persönlichkeit und dem »tragisch gespanntem Ethos« Max Webers selbst.[57]

Nicht nur aufgrund ihrer philosophisch fundierten und tatsächliche Schwachstellen des Vortrags berührenden Kritik, sondern auch dadurch, daß sie sich weitgehend dem lebensphilosophischen Jargon der Zeit entzog, gehört Curtius Entgegnung zu den interessantesten Stellungnahmen dieser frühen Debatte.[58] Denn selbst wenn sie dort anders als Kahlers ungleich berühmtere Schrift kaum wahrnehmbare Spuren hinterlassen hat, so enthielt sie doch bereits die wesentlichen Topoi, die auch Kahlers etwa zeitgleich entstandene Replik bestimmen werden: die Gegenüberstellung von (alter) Wissenschaft und junger Kriegsgeneration, von platonischer Akademie und Kantianismus, von Erlebniswissenschaft und Schau gegenüber einer »entpersönlichten Fachwissenschaft« sowie schließlich die Herausstellung der persönlichen Integrität und Vorbildhaftigkeit des Angegriffenen.

c.) Erich von Kahler und »Der Beruf der Wissenschaft«

Nur »ein Freund von Gundolf«?[59]

Wie Curtius hatte auch Erich von Kahler, von dem wohl die am meisten beachtete Weberkritik in der Debatte kam, ein nicht unproblematisches Verhältnis zum George-Kreis. Er kam ebenfalls über seinen Freund Gundolf in den Kontakt mit George, zählte aber trotz eines Artikels im letzten Jahrbuch nie zu seinem engsten Umkreis, da dessen Mitglieder ihm stets mit einigem Mißtrauen begegneten.[60] Hauptgrund dafür war wohl die Herkunft Kahlers, dessen österreichisch-jüdische Familie (nach Ablegung des stigmatisierten Namens Kohn) am Ende des 19. Jahrhunderts in der Zuckerindustrie reich wurde und in »Bilderbuchkarrieren des Industriezeitalters und der Hochassimilation« (Lauer) schließlich 1911 bzw. 1914 vom Kaiser ob ihrer Verdienste um die Wirtschaft und die Förderung österreichischer Künstler in den Ritterstand erhoben wurde.[61] Schon die (industrielle) Herkunft seines Vermögens also, das ihm, dem »philosophischen Kulturhistoriker«,[62] die komfortable Existenz eines Privatgelehrten ermöglichte, sein Bekenntnis zum Judentum und nicht zuletzt die Annahme des Adelstitels 1914, die ebenso wie sein Buch über »Das Geschlecht Habsburg« (1919) ein offenes Bekenntnis zum »alten« Österreich darstellte, bedeuteten eine gewisse Eigenständigkeit und damit schon Distanz zum Kreis. Zwischen Faszination und Distanz schwankte dann auch sein inneres Verhältnis zu George. War er einerseits von dessen Anliegen fasziniert, »im ungeheuren Wirrwarr der Zeit ein einheitliches Bild aufzurichten«,[63] das von aristokratisch formstrenger Haltung und dem Willen zur Reinheit geprägt war, so lag in dieser Begeisterung immer auch ein angestrengtes »Wollen«, das ihn von letzter, bedingungsloser Hingabe abhielt.[64] Zwar ist solch ein ambivalentes Verhältnis zu George und zum Kreis schon insofern nichts ungewöhnliches, als auch vermeintliche »Mitglieder« nie ihres Status gegenüber George sicher sein konnten und dadurch die horizontalen Verbindungen, so sie denn überhaupt zugelassen waren, stets von einer gewissen Konkurrenz begleitet wurden,[65] doch gerade im Falle Kahlers bekam dies dadurch, daß seine Weberreplik so großes Aufsehen erregte, noch einmal eine besondere Brisanz.

Bevor Kahlers »Der Beruf der Wissenschaft« (spätestens) im Oktober 1920 ausgeliefert wurde, kursierte dessen Manuskript bereits ein knappes Jahr im Kreis, wo es von Gundolf mehrfach vorgetragen wurde und teils zustimmende teils vorsichtig zurückhaltende Reaktionen hervorrief.[66] Über die Reaktion Georges auf diese Schrift herrscht dagegen einige Unklarheit. Galt bisher die Darstellung Salins als »kanonisch«, wonach George »empört« gewesen sein soll und entgegen der sonst geübten Zurückhaltung Salin den Auftrag erteilt habe, auf einem der soziologischen Diskussionsabende Alfred Webers ausdrücklich zu erklären, daß dies Buch eine »Privatangelegenheit des Verfassers« sei und mit der »Auffassung des George-Kreises [nichts] zu tun« habe,[67] ist diese Darstellung mittlerweile mit guten Gründen in Zweifel gezogen worden. Schließlich war Salin bei dem einzig wahrscheinlichen Termin eines solchen Diskussionsabends selbst längst vom Meister verstoßen, so daß also sehr unwahrscheinlich ist, daß er dann noch diesen »›empörend‹ außergewöhnlichen Auftrag« (Fried) erteilt bekam.[68] Auch wenn diese Darstellung Salins also zweifelhaft sein dürfte, ist die Ablehnung der Schrift zumindest in Teilen des Kreises wahrscheinlich, ging doch die Trennung Georges von Gundolf nicht zuletzt auch auf die Umstände dieser Publikation zurück.[69] Aber was bedeutet die wenn schon nicht Empörung, so doch Distanzierung Georges für den Status der Schrift? Ist sie dann nur noch die Äußerung eines Freundes von Gundolf oder doch eine Stellungnahme aus dem Kreis, selbst wenn das Zentrum des Kreises, das letztlich allein über die (informelle und darum schwer zu fassende) Zugehörigkeit entscheidet, dies verneint hat? Spätestens an dieser Stelle zeigt sich, daß das monolithische Bild des George-Kreises, wie es auch Kahler idealiter vorschwebte, kaum mehr als eine Fiktion ist. Konnte man angesichts der unterschiedlichen Freundeskreise und fein abgestuften Ränge im Verhältnis zu George schon von *einem Kreis* kaum sprechen,[70] so war erst recht in der Frage nach dem Verhältnis zur Wissenschaft die Einigung auf *eine Position* des Kreises, die über eine diffuse gemeinsame Gegnerschaft hinausging, nicht zu erreichen. Dies lag nicht nur daran, daß die einzelnen Georgeaner letztlich in ganz unterschiedlichen Disziplinen wirkten und also demgemäß mit jeweils anders gelagerten »Krisen« konfrontiert waren, sondern wurde wohl auch deshalb vermieden, weil die Thematisierung dieses Verhältnisses zur Entwicklung einer festumrissenen »Lehre« geführt hätte, die dann wiederum dem »weltanschaulichen Alltag« und damit auch der Profanisierung ausgesetzt gewesen wäre.[71] Das Resultat dieser Unentschiedenheit war es jedenfalls, daß in dieser Frage öffentliche Stellungnahmen überhaupt nur aus der Peripherie des Kreises kamen, von dort also, wo die Haltung des »hohen Lebens« unmittelbar den Bedingungen der Wissenschaft begegnete, und daß schließlich Kahlers Schrift, indem sie gleichsam die konzeptionelle Leerstelle besetzte, die das Schweigen an diesem Punkt hinterließ, »endlich« als die erwartete Verlautbarung des Kreises wahrgenommen werden mußte.[72]

Kahlers Kampf gegen die »alte« Wissenschaft

Vor dem »Beruf der Wissenschaft« hatte Kahler im Jahre 1919 bereits zwei ähnliche Artikel zur Lage der »Gesamtwissenschaft« im »Neuen Merkur« veröffentlicht, in denen er die Argumentation der späteren Schrift vorwegnehmend schon einmal das geistige »Trümmerfeld« durchschritt, das für ihn der Krieg, vor allem aber der nominalistische Auflösungsprozeß seit Kant hinterlassen hatte.[73] Äußere Stagnation und »innere Unterwühltheit«, auf sich selbst gestellte »Spezialistik« und der Verlust eines »geistigen Plans« werden dort als Ergebnisse dieser Prozesse ausgemacht und zugleich als Symptome einer Krankheit beschrieben, die alle Disziplinen erfaßt und dazu geführt habe, daß Wissenschaft weder mehr Maßstäbe setzen noch erziehen könne.[74] Doch Kahler sieht mit dem Krieg endlich den Wendepunkt erreicht und fordert daher die Entscheidung nicht nur darüber, »ob wir Begriffe machen oder ob wir das Lebendige erfassen [...] wollen«, sondern noch grundsätzlicher, »ob die *ratio* denn wirklich die letzte, die einzig verläßliche Fakultät unseres Erkennens ist« oder ob nicht doch »eine andere mächtigere Kraft das Lebendige selbst zu erreichen« vermag.[75] Wie diese andere Kraft, auf die die Entscheidung natürlich fallen soll, dabei aber aussehen soll, wie sie den Urbildern der Ideen dienen statt durch Begriffe bloß zusammenfassen will, das bleibt offen und ist auch für Kahler selbst noch nicht viel mehr als eine sich gerade erst ahnen lassende, allgemeine Wandlung, der es noch ganz an Zucht und Führung fehle.[76]

Diese sich noch zwischen »dumpfen Gefühlswünschen« und »dilletantischen Tatversuchen« bewegende Wandlung zu formen und so einer »neuen Grundanschauung und geistigen Arbeitsweise« zum Durchbruch zu verhelfen, ist daher dann auch die Absicht, die Kahler in »Der Beruf der Wissenschaft« leitet und zu der Webers Vortrag nur Anlaß und »würdige Gegnerschaft« geboten habe.[77] Überhaupt ist Kahler wie zuvor schon Curtius sehr darauf bedacht, die von ihm geführte Auseinandersetzug als eine zwischen »letzten Wesensgründen« und »Zeitaltern« erscheinen zu lassen, die der »rückhaltlosen Ehrerbietung« vor dem »ungemeinen, tapferen und groß getragenen Leben« Webers keinen

Abbruch tun soll.[78] Es mache vielmehr gerade die Tragik der Situation aus, daß derjenige, den »wir doch bewundern und ihm anhängen möchten«, zugleich auch »unser gefährlichster Gegner« ist, da er die »Werbekraft seiner mächtigen Überzeugung« und seines wahrhaften Ethos in den Dienst einer »verfallenen Sache« gestellt habe und so »die jungen Menschen in die alte Trostlosigkeit zurückzwingt«, deren Erschütterung, Ratlosigkeit und Unwirksamkeit doch längst von eben dieser jungen Generation gefühlt werde.[79] Es ist vor allem diese suggestive Opposition zwischen der ohnehin »morschen« und abgelebten, der chaotischen Not der Zeit nur noch mit einem »furchtbaren Achselzucken« begegnenden Wissenschaft auf der einen Seite und der ihr gegenüberstehenden, von all dem freien und unbelasteten, zugleich aber das »Tiefste« schon wissenden Jugend, die Kahlers Schrift zu einer so ungemein schwungvollen Polemik werden ließ, durch die sie zugleich aber auch gezwungen war, diesen Dualismus zu perpetuieren, über ihn also auch in der eigenen Position nicht hinaus zu kommen.[80]

Doch worum geht es Kahler inhaltlich? Die Vorwürfe, die er gegen Webers Vortrag erhebt, mit denen er aber die gesamte »alte« Wissenschaft treffen will, gleichen denen bei Curtius. Im Vordergrund steht auch hier wieder die Kritik am zugrundegelegten Wissenschaftsbegriff. Denn indem Weber den wissenschaftstheoretischen Status quo fixiere und seine gegenwärtige Form als »unumstößliche Gegebenheit« hinnehme, verstelle er sich, so der Vorwurf, den Blick nicht nur auf die allseits aufgeworfene »Kardinalfrage« nach dem Beruf der Wissenschaft für das Leben und seine Bedürfnisse, sondern auch auf die insgesamt »tragische Lage« der alten Wissenschaft, die nach dem Verlust der »antiken Idee« an den Begriff als der »aller-›modernsten‹ altwissenschaftlichen Erkenntnisart« geradezu sklavisch »gefesselt« sei – eine Fesselung allerdings, die sich in Kahlers paradoxer Begrifflichkeit selbst noch einmal zu spiegeln scheint.[81] Um diese Gegenüberstellung von antikem Denken und moderner, nachkritischer Philosophie und Wissenschaft, die für ihn in der Opposition von Platon und Weber nun »leibhaftig« geworden ist,[82] kreist nun Kahlers ganze Kritik. Denn was Weber und die gesamte alte Wissenschaft voraussetzte, also die Alleinherrschaft rationaler Methodik, die unausweichliche Spezialisierung sowie den unendlich wachsenden wissenschaftlichen Fortschritt, sei nur in der »gewaltigen Umwandlung« von der Idee zum Begriff, mithin also nur historisch zu verstehen und daher, so die (letztlich nicht unhistoristische!) Pointe, eben weder notwendig noch schicksalhaft, wie es Weber behauptet.[83] Lag der platonischen Idee, wie sie Kahler sah, eine vom modernen Kausalitätsdenken noch ganz unberührte Frage nach Ursprung und Urgrund, damit aber auch nach »Ewigkeit und Göttlichkeit des Lebendigen« zugrunde,[84] so steht am Ende der von Kahler entworfenen Verfallsgeschichte die »Kantische Tat«, die den »metaphysischen Dauerhimmel« zerstört und lediglich »die reine substanzlose Ratio« übrig gelassen habe mit der Folge, daß sich die Frage nach dem Urgrund umkehrte und nur noch in Zeit (unendlicher Fortschritt) und Raum (Spezialisierung) erstrecken konnte.[85] Aus der ehemals festverankerten Idee ist so der Begriff geworden, eine »seitliche Hilfskonstruktion« und ein »höchst unvollkommener Werkzeugkasten«, um die lebendige Wirklichkeit wenigstens provisorisch zu ordnen.[86]

Die positive Umwertung dieses unendlichen Provisoriums, wie sie sich in der hoffärtigen Vorstellung von einer Entzauberung und berechnenden Beherrschung der Welt ausdrücke, könne am Ende dieses langen Verfallsprozesses dann nur noch eine scheinbare Lösung sein, was sich nicht zuletzt in der »gründlich antiplatonischen Antwort« zeige, die Weber auf die Frage nach dem inneren Beruf der Wissenschaft zu geben versucht.[87] Denn dessen rigorose Trennung von Wissenschaft und Politik, auf die Kahler diese Antwort hier zusammenschrumpfen läßt, sei zwar die konsequenteste Fortführung rationaler Spezialisierung, sie offenbare zugleich aber auch das damit verbundene Begründungsdefizit, da der gänzlich unantike »Polytheismus der Werte« für Kahler eben doch nichts weiter ist als »praktischer Relativismus«, der sich mit den von ihm erst geschaffenen Wertproblemen überfordert sieht und daher aus der Verantwortung stielt.[88] An diesem Relativismus vermag dann aber auch die von Weber in Aussicht gestellte Klarheit nichts zu ändern, ist sie für Kahler doch nur mehr der klägliche Rest, auf den »die große alte Weisheit zusammengeschmolzen« sei.[89]

Ideenvergessenheit, Relativismus, Spezialisierung, Fortschrittshoffart, Mißachtung der Bedürfnisse des Lebens – was Kahler hier an Vorwürfen gegen Weber und die ganze alte Wissenschaft zusammentrug, war zwar kaum noch zu überbieten, allein es war letztlich doch kaum mehr als eine weitere Variation der bereits ubiquitären Wissenschafts- und Modernitätskritik der Zeit. Daß sich seine Schrift dennoch von solch allgemeinem Unbehagen abhob und zu einer Art »Kriegsmanifest« (Troeltsch) werden konnte, hatte zwei Gründe. Einmal lag es natürlich an der konsequenten Personalisierung und Zuspitzung dieser Stimmungen auf jeweils nur noch eine Position und Gegenposition, die zudem mit entsprechend prominenten Vertretern besetzt wurde. Vor allem aber lag es wohl an der mit dieser Zuspitzung verbundenen revolutionär-expressionistischen Geste, die die Polemik gegen die *alte* Wissenschaft zur Proklamation einer völlig *neuen*, weil einfach im Gegensatz zur alten Institution konzipierten Wissenschaft werden ließ, die sich mit einem einzigen Schlag der gesamten Komplexität der Wissenschaftstradition des 19. Jahrhunderts entledigen sollte.[90] Daß es bei einer solch bloßen Geste jedoch bleiben mußte, da die neue Wissenschaft eben doch nicht so neu und ungebunden ist, wie Kahler es suggeriert, ist das eigentliche Dilemma dieser Schrift, das sich nicht zuletzt in der Schwierigkeit zeigt, dieser neuen Wissenschaft scharfe Konturen zu verleihen.

Die »neue« Wissenschaft

Deutlich wird die Unschärfe bereits bei der Voraussetzung der »neuen« Wissenschaft. Im Gegensatz zur alten Wissenschaft basiere die neue nämlich auf einem einzigartigen Erfahrungswissen, das dadurch, daß es die Agonie und die »unsäglich sichtlose Öde des ganzen letzten Jahrhunderts« ebenso enthält wie die »kaum tragbaren Erfahrungen« des Krieges, das »Leben« jetzt wieder völlig rein und urtümlich empfinden könne.[91] Auch wenn Kahler dieses Wissen nun fortwährend beschwört (»Wir wissen schon, daß...«), so bleibt dessen spezifischer Träger, das »Wir« auffallend unbestimmt. Einerseits ist Kahler nämlich bemüht, diese beschworene Gruppe und damit die neue Wissenschaft mit den Attributen der Jugendlichkeit (junges Bewußtsein, Kühnheit, Schwung etc.) auszustatten, ohne sie jedoch zu sehr in die Nähe der Jugendbewegung mit ihren »vielen wirren Voranstürmern« geraten zu lassen, da er hier ganz im Sinne Georges und nicht ohne ein gewisses Maß an Paternalismus die notwendige Zucht und das »strenge und edle Gesetz« mißachtet sieht.[92] Auf der anderen Seite entzieht sich Kahler aber gerade dem dann doch zu erwartenden klaren Bekenntnis zu George, ja er scheint diesen in seinen wenigen Andeutungen eher (auffällig) verbergen zu wollen, wohl in der Absicht, das konstruierte »Wir« möglichst breit, also tatsächlich von einer ganzen Generation und nicht nur von einem elitären Kreis getragen erscheinen zu lassen.[93] Auch wenn Kahler also die Grenzen des »geheimen Deutschland« weiter fassen mochte, als dies die Billigung Georges finden konnte, waren seine Andeutungen, gerade in Verbindung mit dem Ort der Publikation bei Bondi, doch letztlich zu eindeutig, um sie nicht mit den Georgeanern zu verbinden. Daß Georges »Empörung« dann auch diesem Versteckspiel gegolten haben dürfte, ist anzunehmen.[94]

Wie steht es nun aber mit dem Inhalt dieses neuen Wissens? Die Besinnung auf die gemeinsame Erfahrung und das Leben hat für Kahler zwei feste Lehren geformt: *Einheit* und *Einzigkeit*.[95] Wie sich ihm das zertrennende Parteienwesen als verderblich erwiesen habe, da hier die widerstreitenden Teile nie für ein ganzes Volk, schon gar nicht für das »deutsche Wesen« stehen könnten, so sei analog dazu auch der Mensch keine »Merkmalssumme«, die man in Führer und Lehrer, in »Parteidemagoge« und »Wissenschaftsmann« oder aber in den Mann des Vormittags und den des Nachmittags aufspalten könne. Vielmehr gebe es nur den ganzen und einmalig da- und so-seienden Menschen, die eine organische Einheit, in der neben dem »warmen, wahrhaftigen Herz« gar kein Platz mehr ist für so etwas wie ein »›*Wertproblem*‹«, für »widerstreitende, abstrahierte Weltanschauungen« oder aber vom organischen Gebilde unabhängige und begrifflich abgezogene Werte wie das Gute, Wahre und Schöne *an sich*.[96] Statt sich also mit solchen (neu-)kantianischen Theoremen abzumühen, negiert Kahler diese einfach und postuliert auf der Grundlage des sich gegenwärtig erhebenden »gewaltigen Imperativs« des »Eins ist Not« (George) die wieder mögliche Identität von Sein und Sollen, die es ehedem bereits im Urbild des hellenischen Seins gegeben habe und die zu schaffen nun auch »der Beruf unserer neuen Wissenschaft« sei.[97] Daß sich Kahler angesichts der perennierenden Beschwörung der gemeinsamen Erfahrungsgrundlage die Frage, woher dieser offenbar historische Imperativ seine Normativität bezieht, weder stellt noch zu beantworten genötigt fühlt, ist kaum verwunderlich. Sucht man dennoch nach einer Begründung, ist man auf Ansätze einer Geschichtsphilosophie verwiesen, die trotz der Berufung auf Bergson und den »lebendig notwendigen Schicksalsstrom« auch überraschende Anklänge an Hegel oder den jungen Marx aufweist.[98] Es ist für Kahler nämlich keineswegs zufällig, daß sich die »neue unvergleichliche Stunde« gerade jetzt und gerade in Deutschland erhebt. Denn die Widersprüche des alten Denkens hätten sich hier am reinsten herausgebildet und auch die Verelendung des Geistes sei hier in den letzten Jahren auf allen Gebieten derart deutlich hervorgetreten, daß es zum Umschwung kommen *mußte*, ja daß die unwissentlich vom Rationalismus selbst vorbereitete neue Anschauung eigentlich nur noch zum Bewußtsein gebracht zu werden brauche.[99]

Wie auch immer sich Kahler diese sicher nicht ausgeführte, aber eben doch angelegte »Verelendungstheorie« des Rationalismus in der Praxis vorgestellt haben mag, für die Wissenschaft jedenfalls bedeute der aus ihr hervorgehende Imperativ schon jetzt eine ungeheure Wandlung. Einheit und Einzigkeit lehrten nämlich, einmal den Fortschritt als ein »lebendiges Werden« und die allgegenwärtige Spezialisierung als die »Vielfalt des Lebendigen« zu begreifen und sodann auch die katastrophale Tendenz der alten Wissenschaft zu erkennen, die die Welt berechenbar machen wollte und dabei doch zugleich neuem Zauber den Weg bereitete.[100] Was dieser Imperativ jedoch nicht beantwortet, nämlich die Frage, wie die neue Wissenschaft mit der Erkenntnis solchen »lebendigen Werdens« nun aber konkret umgehen soll, wie sie also methodisch zu diesem Wissen gelangt oder aber wie sie dann von ihm auszugehen hat, das zu klären fällt Kahler sichtlich schwer, weshalb er sich trotz ausdrücklicher Forderung methodischen Vorgehens klarer Aussagen zu eben dieser neuen Methodik vorerst enthalten will.[101]

Da nimmt es nicht wunder, daß die dennoch von ihm skizzierten Merkmale der neuen Wissenschaft bzw. des neuen Wissens kaum verbunden nebeneinander stehen und mehr durch die Polemik motiviert zu sein scheinen als durch innere Kohärenz.[102] So soll das neue Wissen einerseits aus »dem Deutschen« hervorgehen, es soll dann aber die nationalen wie individuellen Schranken auch schon überwunden haben und ein »über- und außerpersönliches«, ein europäisches und zuletzt ein allgemein menschliches Wissen sein.[103] Da nämlich für Kahler »die Stunde der einzelnen menschlichen Person« nun endgültig vorbei ist, könne Wissenschaft ebenfalls nicht mehr individuell, sondern nur mehr aus der Einheit einer leibhaftigen *Arbeitsgemeinschaft* entstehen,[104] um von dort aus den »großen metaphysischen Raum« schaubar zu machen, in dem wie in einem Dom alle »organischen Gebilde«, sei es der Vergangenheit, sei es der Gegenwart, ihren unverwechselbaren Platz bekommen sollen.[105] Das Ziel dieser neuen Wissenschaft ist für Kahler also ein Art Pantheon, in dem unter *Verzicht auf jegliches Allgemeines*, das nicht an höhere Ideen oder organische Gebilde rückgebunden werden kann,[106] große Einzelne (Personen, Geschlechter, Nationen) »geschaut«, d.h. wohl in ihrer staunenswerten, einmaligen und dennoch normgebenden Größe erfahren werden können. Zur Methodik im engeren Sinne gehört schließlich neben der eigentümlichen Gemeinschaft der Forschenden und der Rückbindung der Begriffe an organische Gebilde und Ideen die *Trennung von Untersuchung und Darstellung*. Da zum Volk nur rundes und ganzes, eben die Einigkeit förderndes Wissen gelangen dürfe, müsse die vorhergehende Untersuchung eine »interne Angelegenheit« der dafür jeweils prädestinierten Forscher bleiben, die ihre Ergebnisse erst nach (in jeglicher Hinsicht) vollendeter Darstellung dem Publikum übergeben dürften.[107] Auf dieser Darstellung liegt daher auch das Hauptgewicht der neuen, in weiten Teilen also esoterischen Wissenschaft. Während unter dem richtigen, d.h. »lebendigen« Gesichtspunkt sachlich ohnehin »alles plötzlich wie von tausend Händen bewegt zu einer notwendigen Ordnung zusammenfliegt« und sich so wie von selbst Wichtiges von Unwichtigem trennt, müsse gerade der Darstellung die meiste Sorgfalt gelten.[108] So solle der Forscher nicht nur wiederum jedes lebendige Wesen zunächst als substantielle Einheit und Gestalt erfaßbar und schaubar machen, um dann einzelne Aspekte nur noch deduktiv aus ihm zu demonstrieren, sondern er müsse auch die jedem Gebilde eigentümlichen Termini entwickeln, um tatsächlich alles so miteinander verbinden zu können, daß es durchdrungen ist von jener »geistigen Musik«, die ständig das tiefe Zugleich- und Ineinandersein der einzelnen Elemente wachhält. Hatte Kahler an anderer Stelle noch den fundamentalen Unterschied von neuer Wissenschaft und Kunst betont,[109] so wird dieser spätestens hier vollends eingeebnet. Denn das organische »Ineinandersein« der Darstellung, das Kahler nicht durch das logische, sondern nur durch das »künstlerische Element« der Sprache gewährleistet sieht, wird zum alleinigen Kriterium für Wahrheit und Gültigkeit der Ergebnisse.[110] Nicht mehr »logische Übereinstimmung« ist somit der Maßstab wissenschaftlicher Erkenntnis, sondern eine »organische Übereinstimmung«, vor der beliebige, falsche oder gar gefälschte Teile einer Arbeit wie in einem »mißklingenden Chor des Ganzen unweigerlich entdeckt« würden und so die Wahrhaftigkeit des Werkes gesichert wäre.

Vielleicht zeigt gerade dieser Umgang mit der Wahrheitsfrage und also mit dem eigentlichen Schlußstein jeder Wissenschaftstheorie am deutlichsten das Dilemma Kahlers. Bezog seine Polemik gerade daraus ihren Schwung, daß sie mit Max Webers Rede gleichsam in einem Nukleus die alte Wissenschaft mitsamt Wilhelminismus, Moderne und Weltkrieg zu beerdigen angetreten war, so erwies sich diese Verve gerade dort als trügerisch, wo es darum ging, die neue Wissenschaft nicht bloß mit den üblichen antiwissenschaftlichen »Ameublement« aus Ressentiments und lebensphilosophischer Metaphorik auszustatten, sondern tatsächlich eine tragfähige Antwort auf die Krise von Positivismus und Historismus zu finden. Denn was Kahler hier als neue Wissenschaft vorträgt, ist, insofern es die esoterische Forschergemeinschaft strikt vom Publikum trennt und statt des Begriffs höchste Ideen revitalisieren will, entweder platonisierende Romantik und also kaum wirklich *neu,* oder aber es ist in seiner Beschränkung auf die Darstellung von Wahrheit doch bereits Kunst, nur eben unter falschem, d.h. wissenschaftlichem Etikett.

»Sie hätte *singen* sollen, diese ›neue Seele‹ – und nicht reden!« Was Nietzsche seinem eigenen Erstling wenigstens formal attestiert hatte,[111] nämlich den Gegensatz von Wissenschaft und Kunst nicht konsequent ausgefochten zu haben, trifft auch die Unentschiedenheit der Schrift Kahlers. Sein Ringen um das richtige Verhältnis von Wissenschaft, Leben und Kunst, mithin also um den richtigen Lebensentwurf zwischen den beiden Antipoden Heidelbergs ist hier Ausdruck nicht nur seines eigenen Orientierungsbedürfnisses, sondern das des George-Kreises überhaupt. Auch wenn Kahler dabei die angestrebte gedankliche Strenge deutlich verfehlt haben mag und ebenso die Wahl seines Gegners in den Augen vieler Zeitgenossen ein »glatter Mißgriff« (Troeltsch) war; in seiner Schrift lediglich eine nachaufklärerische »Arabeske« (Schluchter) zu sehen, greift sicher zu kurz.[112] Denn daß der »Beruf der Wissenschaft« im Kreis, aber auch darüber hinaus zu einem solchen Skandalon werden konnte, ist nicht nur der Bedeutung von Webers Vortrag geschuldet, sondern weist genauso hin auf die Virulenz der von Kahler erstmals vorgebrachten und von Arthur Salz – trotz allem – geteilten Kritik.

d.) Arthur Salz: Für und wider die Wissenschaft

amicus plato…

Die Reaktion auf die Schrift Kahlers ließ nicht lange auf sich warten, und sie kam ebenfalls von einem engen Freund Gundolfs. Sie stammte vom Heidelberger Nationalökonomen Artur Salz, der, ob nun durch George selbst veranlaßt oder nicht, spätestens seit Oktober 1920 an einer entsprechenden Dublik arbeitete und diese dann unter dem an Schleiermacher angelehnten Titel »Für die Wissenschaft gegen die Gebildeten unter ihren Verächtern« Anfang 1921 erscheinen ließ.[113]

Arthur Salz, der mit George und Gundolf ebenso vertraut verkehrte wie mit Max Weber und seinem Lehrer Lujo Brentano, bezog sowohl im Hinblick auf die beiden Kreise Heidelbergs wie auch in der Kontroverse eine vor allem den Ausgleich suchende Zwischenstellung.[114] War er einerseits dem Staate Georges seit der Zeit seines Studiums in München so eng verbunden, daß er sogar zu den zehn Auserwählten gehörte, die 1913 ein Vorausexemplar von Georges Gedichtsammlung »Der Stern des Bundes« erhielten, so blieb er bei aller Bewunderung Georges doch immer nur scheu in dessen »Vorhöfen«.[115] Denn ein Jünger des »Meisters« zu werden, verschloß sich ihm einmal aufgrund seines tiefernsten Bekenntnisses zur Judentum,[116] dann aber auch durch seine frühe Entscheidung für die Nationalökonomie, so daß er statt in den Jahrbüchern oder im sonstigen Umfeld des Kreises vornehmlich in Friedrich Naumanns »Die Hilfe« oder in Webers »Archiv für Sozialwissenschaft und Sozialpolitik« publizierte und also höchstens »Staatsnähe ohne Staatsangehörigkeit« (Fried) pflegte.[117] Als erster Universitätslehrer im engsten Umfeld Georges – später folgten dann Gundolf, Wolters, Hildebrandt und andere – war Salz aber natürlich auch kein bloß theoretischer Nationalökonom. Wissenschaft und nicht zuletzt die noch relativ junge Nationalökonomie verstand Salz als eine Wissenschaft vom »wirklichen« Menschen, das heißt als eine, die dessen leibhaftes Erleben ebenso berücksichtigt und rational zu beschreiben versucht wie dessen psychische Irrationalität.[118] Der Mensch sollte, wie schon von den Jahrbüchern gefordert,[119] das Maß sein für Leben und Wissenschaft, doch durfte dies eben nicht so weit gehen, daß, wie bei Kahler geschehen, darüber zugleich die Maßstäbe der Wissenschaft aufgegeben und diese ohne Not und ohne konkretes Ziel revolutioniert würden. Trotz der Freundschaft zu Kahler und Gundolf war es für Salz daher geradezu eine »Gewissensfrage«, die gemeinsame »gute Sache«, in der man ja »in fast allen Einzelfragen […] und sogar bis in die Formulierungen hinein« übereinstimme,[120] vor diesem revolutionären Überschwang zu bewahren und also eher einen mittleren Weg zwischen *alter* und *neuer* Wissenschaft zu wählen.

…magis amica veritas

Salz' Schrift war, anders als vielfach wahrgenommen, keineswegs nur eine Verteidigung des unlängst verstorbenen Webers. Sie ist vielmehr der Versuch, Max Weber und George, d.h. alte Wissenschaft und Dichtung so miteinander zu versöhnen, daß daraus dann zwar keine neue Wissenschaft *gemacht*, wohl aber auf deren Veränderung langsam und *organisch* hingewirkt würde.[121]

Daß Salz diese Zwischenstellung tatsächlich intendierte, macht schon das herausgestellte Motto der Vorbemerkung deutlich. Er zitiert hier eine (leicht sinnentstellte) Passage aus der Physik des Aristoteles,[122] in der sich dieser wiederum auf die empedokleische Lehre von Philia und Neikos bezieht, auf dasselbe Lehrstück also, auf das sich auch Gundolf in »Wesen und Beziehung« stützte.[123] Die Lösung des Zitats aus der aristotelischen Opposition Bewegung-Ruhe unterstreicht hierbei die Absicht: weder das nur auf Gemeinschaft und Einheit gerichtete Denken (d.i. Kahler) noch das bloß analytische Vorgehen (d.i. Weber/die alte Wissenschaft) garantieren die Ruhe als den (hier einzigen und somit) idealen Zustand, sondern nur das zwischen (μεταξύ) ihnen liegende Vorgehen, das also, um das es Salz hier gehen wird. In diesen Kontext gehört auch, daß sich Salz, entgegen der platonisierenden Tendenz bei Kahler wie im George-Kreis überhaupt, wiederholt und ausdrücklich auf Aristoteles bezieht,[124] auf den also, der der attischen Ethik von Maß und Mitte eine systematische Gestalt gegeben hat und der, das ist hier das eigentlich »Pikante«, den Kreis seines Meisters (Platon) verlassen und eine konkurrierende Schule gegründet hatte. Zwar ist es weit übertrieben, aus Salz hier einen Neo-Aristoteliker avant la lettre machen zu wollen,[125] doch da er sich im graecophilen Umfeld des Kreises sicher sein konnte, daß diese Anspielungen nicht mißverstanden würden, kann man es zumindest als Indiz dafür nehmen, daß er so seine im Ganzen ausgleichende und mittlere Position unterstreichen wollte.

Worin bestand nun aber seine Position und wie gestaltete sich die Auseinandersetzung mit Kahler und Weber? Geht man vom anfangs exponierten Motiv der Mitte aus, dann ist Salz' Schrift keineswegs die ganz und gar »verworrene Darlegung«, die man in ihr zu lesen meinte,[126] wenngleich sie als Polemik natürlich an den Opponenten gebunden ist und insofern kaum eine eigene Systematik entwickelt. In ihrem Zentrum steht erwartungsgemäß die Zurückweisung der Forderungen Kahlers und damit verbunden eine Apologie der Leistungen der alten Wissenschaft. Doch anstatt die von Kahler übernommene Opposition zu einer scharfen Abrechnung mit der neuen Wissenschaft werden zu lassen, bemüht sich Salz vor allem zu Begin um eine im Ton »staatsmännische« und abwägend Haltung, die stets das Verständnis gegenüber dem »hohen Ernst« und der »tiefen Enttäuschung« betont, aus denen heraus Kahler am »Fundamentalproblem unseres heutigen Lebens rührt«.[127] Auch für Salz habe der Krieg nämlich das »Zeitalter der Sekurität« endgültig erschüttert und damit auch alle bisherigen Lebensgrundlagen als fragwürdig erwiesen, wodurch ihm die Sehnsucht nach dem *einen* »Leuchtturm in der stürmischen See des Lebens«, also nach ewigen Werten und gültigen Wahrheiten nur zu verständlich war.[128] Daß auf der Suche nach solch neuen »Dauerwahrheiten« jedoch der Wert der Wissenschaft preisgegeben werden soll, ja daß die zum populären Schlagwort gewordene »Krisis der Wissenschaft« zu einer wahrhaften »Revolution des Geistes« anzuschwellen drohe, obwohl sie eigentlich doch nichts weiter sei als die »unorganische Verkoppelung von zeitgemäßen Wunschbildern«, das ist für ihn eine Entwicklung, die all denen zuwider sein müsse, denen es um verantwortliches und das heißt »platonisches Denken« bestellt ist.

Salz' durchaus überraschende Pointe, die sich gleichermaßen gegen Kahler wie gegen den Platonismus des George-Kreis überhaupt richtet, ist nun die Feststellung, daß er solch wahrhaft platonisches Denken nirgends anschaulicher finde als eben in Max Webers Schrift über »Wissenschaft als Beruf«.[129] Diese Schrift sei nämlich kein utopisches und »revolutionäres Pamphlet« wie die Kahlers, sondern zwar »eine Streitschrift gegen die Zeit, aber in wie anderen, ›staatsmännischem‹ Sinne!« Zeige sich dort doch die Verantwortung gerade darin, daß Weber angesichts der verbreitet »prometheischen Stimmung« überhaupt nur ein »Minimalprogramm« entworfen habe, mit dem Zwang des Berufsgelehrten zur Spezialisierung also nur die Notwenigkeiten der Zeit deutlich gemacht habe. Daß es innerhalb dieses Zwanges dennoch darum gehe, »über das Spezialistentum möglichst weit hinauszuragen«, ist für Salz damit keineswegs unterbunden, ja es komme ihm gerade darauf an, »einen erträglichen Ausgleich zwischen dem, was das Ideal der vollendeten weltweiten Persönlichkeit verlangt, und dem, was die harte Notwendigkeit des Lebens erzwingt, zu schaffen.«[130] Statt also wie Kahler dem ingeniösen »Bildungseinsiedler« das Wort zu reden, den schon Nietzsche verspottete, müsse aus dem »nun einmal unabänderlichen Tatbestand das Beste, was möglich ist, herausgeholt« werden, und das sei nichts weniger als die »uralte« Verbindung von virtuosem Gelehrten und gebildetem Menschen.

Auch wenn hier – wie in der ganzen Schrift – die Grenzen zwischen der Verteidigung Webers und seiner Indienstnahme für Salz' eigene Position weitgehend verschwimmen, zumindest das Programm der folgenden Auseinandersetzung ist damit festgelegt: So berechtigt die Kritik an der Zeit und am gegenwärtigen Stand der Wissenschaft sein mag, so falsch ist der verantwortungslose Bruch mit ihr, da er nicht nur deren vorhandene Leistungen unangemessen schmälere, sondern durch die Überzogenheit der eigenen Forderungen auch den Weg zur eigentlich notwendigen Reform verstelle.

Der Vorwurf der Verantwortungslosigkeit dominiert dann auch die weitere Auseinandersetzung mit Kahlers Schrift, wobei Weber jedesmal als das gerade dieser Verantwortung bewußte Gegenbild herangezogen wird. Während Weber nämlich in einer Zeit, in der »die Seele des Volkes aus tausend Wunden blutet«, den Wert und die Würde der Wissenschaft als gleichsam »letztes Bollwerk des Geistes« unangetastet ließ, habe die Kritik Kahlers, die eben dieses Bollwerk – »in der lautersten Gesinnung, aber mit unzartem Finger« – zu schleifen antrat, einfach den falschen »Kairos« gewählt und so »dem Chaos und der Anarchie Tür und Tor geöffnet«, mithin also auch politisch völlig verantwortungslos gehandelt.[131] Aber nicht nur der Zeitpunkt und der undifferenzierte Umgang mit der alten Wissenschaft trifft Salz' Verdikt, sondern auch und gerade die neue Wissenschaft selbst, die er mit Polemik nur so überhäuft.[132] So sei, was Kahler hier propagiere, kaum mehr als »egozentrischer oder solipsistischer Pragmatismus«, seine Wissenschaft esoterisch, hierarchisch und irrational, ihr Wahrheitskriterium lasse sich auf Gefühl und Glaube reduzieren und sie selbst habe den Charakter eines magischen Traum- oder Zauberwissens: »An die Stelle des Forschens [tritt] die Gnade, an die Stelle des Lernens die Weihe, an die Stelle des Berufs die Berufung und an die Stelle der Hingebung an das Leben die Absonderung.« In letzter Konsequenz, so Salz ironisches Fazit, sei sie daher weniger eine Wissenschaft als vielmehr »eine Anweisung oder ein Rezept für das Ziel: wie werde ich ein Genie? Oder: wie lerne ich zaubern?«

In wie anderem Licht steht dagegen die alte Wissenschaft und mit ihr Max Weber: als der »polare Gegensatz« des neuen Wissens sei diese Wissenschaft nämlich prinzipiell demokratisch und republikanisch, flexibel und undogmatisch sowie orientiert am Markt und nicht zuletzt auch an der Verständnisfähigkeit desjenigen, der keinen Anteil hat am esoterischen Fachwissen. Außerdem unterliege sie stets rationaler Kontrolle, sei tolerant und liberal und erziehe schließlich nach einem langen Prozeß der Selbstläuterung zu nichts weniger als zu »staatsmännischer Verantwortlichkeit«, zu dem also, was nach der Katastrophe des Krieges nun dringend geboten sei.[133] Dabei sei die alte Wissenschaft keineswegs vom Leben abgeschnitten, wie von Kahler behauptet. Denn abgesehen von kurzen Phasen der »Stockungen« im Gleichklang von Leben und Wissenschaft befänden sich beide Sphären in einem eigentlich versöhnten Gleichgewichtszustand, der wie jede menschliche Gemeinschaft auch vom »Kitt« des gegenseitigen Vertrauens abhänge und dem daher das Mißtrauen Kahlers gegenüber allem rationalen Denken gerade nicht diene.[134]

Nach diesem letztlich immer gleichen Muster spielt Salz nacheinander die einzelnen Aspekte der Kritik Kahlers durch. Ob es das Verhältnis von Gelehrsamkeit und Führerschaft, von Wissenschaft und Leben oder von Erkenntnis und Erlebnis ist,[135] überall dort, wo Kahler die alte Wissenschaft in ihren Grundlagen revolutionieren will, treffen dessen radikale Absichten bei Salz entweder auf Unverständnis oder auf Ablehnung, und zwar nicht, weil er sie grundsätzlich für falsch hielte, sondern stets deshalb, weil er sie in der alten Wissenschaft oder in der Person Webers bereits in angemessener Form verwirklicht findet, eine »Revolution« also in der Sache unnötig und daher sogar schädlich sei.[136] Unnötig sei sie, da das, was Kahler für die neue Wissenschaft einfordert, also Intuition, Schau und Erlebnis, in der alten schon seit langem seinen festen Platz habe, mit rationaler Methode, wie sie für Salz unverzichtbar ist, also durchaus vereinbart werden könne und müsse.[137] Schädlich und geradezu »katastrophal« sei sie hingegen nicht nur dadurch, daß sie aufgrund ihres »unzeitgemäßen Beginnens« die falschen Reaktionen provozieren könnte, sondern vor allem auch deshalb, weil sie ohne Not mit dem »Schatz« der wissenschaftlichen Tradition breche. Das aber hieße nichts weniger, als daß dann an die Stelle von Fach- und Spezialistentum ein unerträglicher und auch von Kahler so nicht gewollter Dilettantismus sowie die »übelste Art von Journalismus« träte,[138] und, was für Salz offenbar weit schlimmer wäre, auch mit dem kontinuierlich »organischen Entwicklungsprozeß« der Wissenschaft gebrochen würde, in dem es bisher doch weder Zufälle noch Revolutionen gegeben habe und in dem selbst ein Zeitalter wie das des Rationalismus mit seinem »ewig unerklärten Kriegszustand des Geistes mit dem Leben« immerhin zu einem fruchtbaren »Umweg« hat werden können.[139]

Der Sorge um den ungestörten Fortgang der organischen Entwicklung sowie dem Maßstab für die Beurteilung solcher Umwege liegt hier jedoch kein teleologisches Denken zugrunde, sondern eher wieder das Motiv von Harmonie und Gleichgewicht der Sphären sowie das des Ausgleichs zwischen Tradition und neuem Lebensgefühl. Im Hinblick auf die Erhaltung dieses von einer »kosmischen Fatalität« gestützten Gleichgewichts wird hier Veränderung begriffen nicht als Umsturz oder Entwicklung des Tradierten, sondern als dessen »Verjüngung«, die etwa dann geschehe, wenn frühere Erkenntnis in den »Glanz eines neuen Erlebnisses« getaucht werde, wenn also »›altes‹ Wissen« neuen lebendigen Sinn bekomme und dadurch unter dem »Staub des Alten und Festgelegten feinere, unbemerkte Nuancen hervor[treten]«.[140] So sei dann auch im Lebensgefühl des Rationalismus das rauschhafte Leben der Renaissance zwar »wie in einer Eisblume erstarrt«, doch konnte dies für die Entwicklung von Wissenschaft und Politik auch positive Folgen haben, die dann den nächsten, von Salz jedoch nicht betrachteten Umschlag oder Verjüngungsschub überdauern sollten.

Wo auch immer die Quellen dieses irgendwo zwischen Hegelscher Dialektik und dem »élan vital« Bergsons liegenden Denkens zu suchen sein mögen, zumindest Salz' Absicht, den wissenschaftlichen Fortschritt mit dem Leben versöhnen zu wollen, dürfte deutlich sein. Die Verteidigung Webers, die noch den Anfang der Schrift dominierte, trat dabei nach und nach zurück hinter den Versuch, eine »Wegspur« der Wissenschaft zu finden, die irgendwo *zwischen* Erkenntnis und Erlebnis liegt.[141] Eine Wissenschaft also, die einerseits weiter am Pathos des nüchtern-entsagungsvollen Dienstes am Altar der Wahrheit festhalten könne, die andererseits aber auch um die Macht des Lebens und des Dichters weiß und diese Autoritäten gleichberechtigt neben die des rationalen Denkens und Begründens stellt.[142] Mit dem »Minimalprogramm« Webers hatte solches »Kompromisseln«[143] zwischen Dichtung und Wissenschaft jedenfalls nichts mehr zu tun, auch wenn Salz vorgab, in dessen Geiste auf Kahler geantwortet zu haben.[144]

e.) Edgar Salin: Weltbilder statt Buchstabenkritik

In die Reihe der öffentlichen Stellungnahmen der Heidelberger Georgeaner zu »Wissenschaft als Beruf« gehört neben die Rezension von Curtius und die Schriften von Kahler und Salz schließlich noch eine weitere Stimme. Es ist die des jungen Nationalökonomen Edgar Salin. Auch er war wie die anderen Beteiligten des Streites ein Freund Gundolfs und zudem durch seine Studienzeit und die anstehende Habilitation bestens mit der besonderen Heidelberger Situation und vor allem mit der öffentlichen Diskussion um Weber und Kahler vertraut. In Anbetracht nun seiner nicht unbekannten Zugehörigkeit bzw. Nähe zum Kreis um Gundolf und George sowie eingedenk des mit dem Streit und den Differenzen zwischen den Kreisen wohlvertrauten Auditoriums – von der Anwesenheit von Eberhard Gothein, Alfred Weber, Friedrich Gundolf und Karl Jaspers war auszugehen – geriet seine öffentliche Probevorlesung am 23. Oktober 1920

(»Von den Aufgaben der Wirtschaftsgeschichte«) schon von vornherein wenigstens zu einer Stellungnahme, wenn nicht gar zu einem »wissenschaftlichen wie weltanschaulichen Bekenntnis« (Groppe) in der unlängst durch Kahler entfachten Diskussion,[145] dies zumal, da schon die eingereichte Habilitationsschrift über »Platon und die griechische Utopie« ganz von den Überzeugungen des Kreises getragen war.[146]

Die Frage seines programmatischen Vortrags war die nach der Möglichkeit und dem Ertrag der Wirtschaftsgeschichte als Spezialwissenschaft. Das eigentliche Thema Salins war jedoch grundsätzlicher. Ganz in der Diktion Kahlers das »Vorrecht der Jungen« betonend, allein der Wissenschaft den »Richtungspunkt« weisen zu können, ging es ihm um nichts weniger als um die insgesamt »problematisch« gewordene Wissenschaft selbst. Das »Schlagwort von der ›Krisis der Wissenschaft‹«, das er vor allem durch Kahlers Artikel im Neuen Merkur geprägt sah, habe hier nämlich durchaus einen »richtigen Kern«, insofern tatsächlich ein Zustand erreicht sei, bei dem weder ein wissenschaftliches Werk vorhanden ist, »auf das wir, Schweigen gebietend, weisen könnten«, noch eine Gestalt, die nach dem Tode Max Webers der Jugend ein »mächtiges erzieherisches Vorbild« sein könnte.[147] Die eigentliche und »tiefste Ursache« für diese Krise sei nun, so Salin, daß der »geistige Lebensstrom«, der seit Goethe die »geistige deutsche Welt gehoben« und genährt hatte, weitgehend versiegt sei und so sein ehemals verpflichtendes Weltbild von einem naturalistischen und positivistischen Bildersturm abgelöst werden konnte, der zwar im Einzelnen verdienstvoll gewesen sein mag, im Ganzen aber ein »Trümmerfeld« hinterlassen habe.[148]

Ein Weg, um aus diesem Trümmerfeld immerhin eine »Baustätte« zu machen und also »das Werk von früheren Geschlechtern [...] neu zu leisten«, sei jedoch bereits gewiesen, wenngleich Salin den Wegweiser, der in Deutschland unlängst das »geistige Auge« für solche Ursachen »wieder und tiefer geöffnet« habe, nur andeutet. Daß er damit auf George und das Weltbild des Kreises verweist, wird deutlich aus den beiden Aufgaben, die Salin der neuen Wissenschaft gestellt sieht. Ganz im Sinne der Gestaltbücher des Kreises sei es nämlich einmal geboten, endlich die »in

Begriff, Detail oder Problem stecken gebliebene« Einzelforschung zu überwinden sowie »fortzuschreiten über diese Nichts-als-Forschung und hinzugelangen zu dem *einheitlichen Bild* [Herv. R.P.], das die Geschichte in Verewigung und Rechtfertigung ihrer Arbeit sonst aufgerichtet hat und auch heute wieder wird bauen können und müssen«.[149] Diese »bildhafte Darstellung eines Ganzen«, also z. B. einer Gesamtepoche oder eines sonstigen organischen Gebildes – Salin nennt hier als Beispiel Gotheins Wirtschaftsgeschichte des Schwarzwaldes (1892) oder die der Stadt Köln (1915) –, müsse jedoch, so die zweite Aufgabe, von einer »neuen Mitte« und einem »*menschlichen Maß*« her geschehen.[150] In Anlehnung an die bereits aus den Jahrbüchern bekannten Forderung, daß der Mensch wieder das Maß der Wissenschaft sein solle, meint »Mitte« hier, daß entgegen dem Trend der Wirtschaftsgeschichte zum Materialismus und damit zur weitgehenden »Entgeistigung der Wirklichkeit« auch das »geistige Auge« des Historikers zur (wenigstens!) gleichberechtigten Geltung kommen müsse, daß also die Fähigkeit zur Schau (und anschließenden Deduktion) des jeweils Spezifischen und Wesentlichen eines historischen Zusammenhanges lebendig gehalten werde und so die Wirtschaftsgeschichte im »Geistig-Menschlichen« verankert bleibe.[151] Wird dabei dann noch diese Mitte zwischen »Exaktheit« und »Auge« so vorbildlich eingehalten wie etwa in August Boeckhs »Staatshaushaltung der Athener« (1851), dann, so Salins Schlußfolgerung, bedeute dies für die richtungslose Wissenschaft nicht nur wieder die Möglichkeit sicherer, weil induktiv *und* deduktiv gewonnener Erkenntnis, sondern auch ein neues Maß menschlicher Größe, das es doch wieder aufzurichten gelte und an dem sich auch diejenigen orientieren könnten, die mit ihren Spezialfragen und ihrer Buchstabenkritik den Großen nur das Material herantragen.[152]

Was Salin hier zur Erneuerung der Wissenschaft vorträgt, mag nur eine knappe Skizze sein, in der Debatte um »Wissenschaft als Beruf« bezieht sie jedoch – wenngleich indirekt – in ähnlicher Weise Stellung wie schon Curtius und Kahler vor ihm. Während Weber selbst von allen Vorwürfen ausgenommen wird und man seine wissenschaftliche Persönlichkeit sogar noch für die eigene Position reklamiert, wird sein Konzept einer »wertfreien Wissenschaft« als Antwort eben auf das von Historismus und Positivismus hinterlassene »Trümmerfeld« rundweg abgelehnt. Ohne den tiefen und sicher nicht nur der besonderen Vortragssituation Rechnung tragenden Unterschied zu Kahlers romantischem Feldzug gegen Vernunft und Methode überhaupt verkennen zu wollen, folgt Salin dabei letztlich doch denselben Topoi, denen auch die neue Wissenschaft Kahlers bzw. dessen Ausarbeitung der Überzeugungen des Kreises verpflichtet war. Denn es findet sich hier, abgesehen vom Spiel mit den Epitheta alt und neu bzw. jung, der Primat der Darstellung vor der Untersuchung[153] ebenso wie die intuitive Schau als Forschungsmethode oder die Möglichkeit, wenn nicht gar implizite Verpflichtung der Wissenschaft zu Wertsetzung und Schaffung eines neuen bzw. eigentlich alten Weltbildes.[154] Auch wenn es insofern nicht wunder nimmt, daß Salins Vortrag in der weiteren Debatte keine sichtbaren Spuren hinterließ, so zeigt er dennoch nicht nur die weitreichende Übereinstimmung der neuen Wissenschaft mit den wissenschaftlichen Grundüberzeugungen des Kreises, sondern ist vor allem ein Zeugnis dafür, daß diese Gedanken auch in den Einzelwissenschaften angekommen und – trotz der damals offensichtlich vorgebrachten Kritik – dort zumindest insoweit akzeptiert waren, daß sie einer Habilitation nicht im Wege standen. Ob und inwiefern diese Überzeugungen nun außerhalb der bisher lediglich kreisintern betrachteten Debatte Aufnahme gefunden haben und welche Reaktionen sie dort auslösten, das wird beim Fortgang der Debatte zu berücksichtigen sein.

4. Revolution der Wissenschaft und »konservative Revolution«

a.) Ernst Kriecks »radikalkonservative« Revolution der Wissenschaft

Nähme man allein die Anzahl der publizierten Stellungnahmen zu Webers Vortrag über »Wissenschaft als Beruf« zum Maßstab, dann müßte dem Volksschullehrer und Publizisten Ernst Krieck hier die größte Aufmerksamkeit zuteil werden. Denn vor dem Hintergrund seines schul- und hochschulpolitischen Reformeifers wählte dieser in allein fünf Veröffentlichungen zwischen September 1920 und Januar 1922 Webers Vortrag sowie die Schriften Kahlers und Salz zum Gegenstand seiner Auseinandersetzung mit der als allgemein empfundenen Krise von Wissenschaft und Kultur.[1] Da jedoch die schiere Anhäufung verfallsrhetorischer Topoi ein Argument kaum zu ersetzen vermag und die Artikel überhaupt reichlich Redundanzen aufweisen, sollen hier nur seine wesentlichen Kritikpunkte aufgegriffen werden.

Den geistigen und politischen Ort dieser Kritik genauer bestimmen zu wollen, erweist sich dabei aus zwei Gründen als schwierig: Denn einmal verfängt man sich bei Krieck allzuleicht im ideologischen Dickicht der ohnehin recht unübersichtlichen »konservativen Revolution«,[2] und zum anderen ist man bei ihm noch mit der Überlagerung seines politischen Weges durch die spätere Rolle als zumindest zeitweise führender NS-Pädagoge konfrontiert. So firmiert Krieck in der Forschung denn auch einmal unter der (für die frühen 20er Jahre freilich noch wenig aussagekräftigen) Rubrik der »Überläufer zum Nationalsozialismus«[3], andernorts ist er bereits »von Anfang an [...] ›Nationalsozialist auf eigene Faust‹« gewesen[4], dann wird er mal den »Völkischen« zugerechnet[5] oder mit der »jungkonservativen Revolution« in Verbindung gebracht.[6] Tatsächlich ist Kriecks politisch-intellektuelle Orientierung in dieser Zeit ebensowenig eindeutig wie die Binnendifferenzierungen des rechts-konservativen Lagers überhaupt – auch wenn er dies wie so manch anderer nach 1933 gern so gesehen hätte.[7] So suchte er aus dem Umkreis des eher romantisch-konservativen Verlegers Eugen Diederichs kommend[8] einerseits den Kontakt zu den »Jungkonservativen« um Moeller van den Bruck und Max Hildebert Boehm, in deren Umfeld er dann auch rege publizierte (v. a. in »Die Tat« und »Das Gewissen«), gleichzeitig ging seine radikale Revolutionsrhetorik, die sich in der Folge sogar noch verstärken sollte, aber schon über deren eher »bürgerliches« Maß hinaus.[9] Wie fließend Kriecks politische Orientierung in und jenseits der »konservativen Revolution« war, zeigt schließlich der Umstand, daß er mit seinem bei Diederichs verlegten Debüt (»Die Deutsche Staatsidee« von 1917) nicht nur das Motto der ersten Lauensteiner Kulturtage liefern sollte, sondern damit auch bei dem von ihm damals sehr verehrten Max Weber reüssieren wollte.[10] Ob dessen schroffe Zurückweisung der Schrift als politische Prophetie dabei dann den letzten Anstoß gegeben hat, sich eingehender mit der »liberalen Wissenschaftsideologie« zu befassen und sich von ihr abzusetzen, ist unsicher, aber im Hinblick auf die geradezu obsessive Auseinandersetzung mit der wissenschaftstheoretischen Position Webers in den Folgejahren durchaus möglich.[11]

Die Auseinandersetzung mit dieser liberalen Wissenschaft sowie mit »Wissenschaft als Beruf« beginnt 1920 mit der ebenfalls bei Eugen Diederichs erschienen Broschüre über »Die Revolution der Wissenschaft«.[12] In diesem »Kapitel über die Volkserziehung«, wie es im Untertitel heißt, wird Weber zwar noch nicht direkt genannt, doch bildet er offensichtlich schon hier den Hintergrund, vor dem gegen Wertfreiheit, Historismus und Spezialistentum ebenso zu Felde gezogen wird wie auf der anderen Seite gegen die andrängende lebensphilosophische Schwärmerei.[13] Deutlicher und dabei dieselben Argumente gebrauchend wird Krieck dann in seinen Artikeln in der »Tat« sowie im »Neuen Merkur«. Als das sogar noch vor sich selbst erschreckende »Gespenst« einer bereits toten Wissenschaft wird dort Webers Vortrag beschrieben und als die »freiwillige Verarmung« eines an sich schon »abstrakten Gerippes«, das sein Ende eher in der »Entkräftung und Entgeistigung der Wissenschaft« als in der »Entzauberung der Welt« finden werde.[14] Jenseits solcher Polemik, die Krieck noch seitenlang auszuwälzen vermochte, reduziert sich die eigentliche Kritik an Weber und an »Wissenschaft als Beruf« aber auf drei, eng mit einander verbundene Schlagworte, nämlich auf *Gemeinschaft*, *Bildung* und *Weltanschauung.*

Im Zentrum der Texte steht der Vorwurf, daß sich die rationalistische Wissenschaft, für deren Fortschritt Weber noch einmal so »unerschütterlich« eingetreten ist, durch ihre Spezialisierung vom Leben abgelöst habe und durch die von ihr vorangetriebene Arbeitsteilung jedwede *Gemeinschaft* und innere Bindung aufgehoben sei.[15] Die gegenwärtige Krise in allen Bereichen des Gemeinschaftslebens ist dann nur noch das Ergebnis dieses Zerstörungsprozesses, das sich als wahrhaft »geistige Not des Volkes« offenbare und dessen Verfalls- und Fäulnismerkmale von Krieck ausführlich seziert werden.[16] Im Zusammenhang mit diesem Vorwurf – gleichwohl in merkwürdiger Nachbarschaft zur ätzenden Kritik an den »Literaten« – steht auch Kriecks geradezu überschwengliches Lob für Kahlers Antwort auf Weber.[17] Daß er selten ein Buch »mit gleicher Befriedigung und so voller innerer Zustimmung aus der Hand gelegt« habe, liege nämlich daran, daß Kahler das, »was ich [d.i. Krieck] in meiner ›Revolution der Wissenschaft‹ durch einen Gang an der Peripherie des Problems hin mit Blick auf das Zentrum dargestellt habe, [...] im Mittelpunkt selbst [anfaßt],« daß er also bei der Darstellung des Problems, so ist es wenigstens zu vermuten, nicht wie Krieck den Umweg über den Niedergang des deutschen Idealismus sucht,[18] sondern mit Weber gleich den »letzten Herold des Rationalismus« und damit auch den »letzten Heros des Liberalismus« angreife.[19] Wenn Kahlers Weg also auch ein anderer gewesen sein mag, im Ansatz wie im Ergebnis kämen seine Anschauungen mit denen Kriecks »so ziemlich zur Deckung«, da beide in allem Denken von einem »geistigen Gemeinschaftsorganismus« ausgingen.[20] So unklar diese Identität dabei auch bleibt, so klar ist die

Absicht Kriecks: Kahlers Buch, das zur symbolischen Schrift eines neuen, »jungen Geschlechtes« erhoben wird, soll hier eingereiht werden in die zu diesem Zeitpunkt noch recht imaginäre Phalanx derjenigen »Radikalkonservativen«, die von der revolutionären Idee der »organischen Gemeinschaft« geeint mit Krieck zusammen die herankommende »konservative Revolution« vorbereiten wollen.[21]

Die beiden anderen Vorwürfe Kriecks sind mit dieser Vorstellung eng verknüpft. Durch die fehlende Ausrichtung auf Gemeinschaft hin habe die selbstgenügsame und sich selbst beschränkende Wissenschaft nämlich auch ihr eigentliches Ziel aus den Augen verloren, die »*Bildung* zur Humanität«[22]. Die Absage an Prophetie, Führung, Wertung und Bekenntnis, die noch immer von »recht gewichtigen Stimmen«, d.h. nicht zuletzt von Weber gefordert werde, die Krieck jedoch theoretisch für unmöglich und praktisch für äußerst verhängnisvoll hält, sei dabei nur die Kehrseite falsch verstandener Autonomie des Einzelnen wie der Wissenschaft. Denn die liberale Idee von Freiheit, die dieser Absage zugrunde liegt, sei, so Kriecks pädagogisches Credo, in höchstem Maße gefährlich und niemals der Weg zum erstrebten »Vollmenschen«.[23] Freiheit und Humanität im Sinne eines solch »höchsten Menschentypus« gebe es statt dessen nur in und aus der Gemeinschaft, weshalb eben Wissenschaft ständig darauf bezogen bleiben müsse. Das bedeute aber, daß sie selbst zunächst über ein einheitliches, klares und einfaches *Weltbild* verfügen müsse, in dem die Bildung organischer Gemeinschaft das Zentrum sowie das primäre Kriterium aller Wertentscheidung sei. Sobald dieses Weltbild dann aber gefunden sei, habe die Wissenschaft nicht nur die Möglichkeit, sondern geradezu die »Pflicht, Weltanschauung zu sein«, könne sie doch nur so ihre »volkserziehende Wirkung« überhaupt entfalten.[24]

Kriecks Artikel und Schriften dieser Zeit hatten, wie er es selbst rückblickend schreibt, nicht die Absicht, eine »grundsätzlich neue Lehre vom Wesen und Sinn, von Gegenstand und Methode der Wissenschaft« zu entwerfen, sie waren vielmehr »Kampfschrift[en] gegen Geist und Zustand damaliger Wissenschaft«.[25] Während man also über ihren »positiven« Gehalt getrost den Mantel des Schweigens breiten darf,[26] so spiegeln sie in ihrer kritischen Tendenz aber doch einen Teil der zeitgenössischen Wissenschaftskritik wieder, des Teils nämlich, der den Anspruch erhob, daß sich die Wissenschaft dem Leben, und das heißt hier – anders als beim George-Kreis – dem Primat des Politischen und der neuen »Staatsidee« zu unterwerfen habe.[27]

b.) Albert Dietrich: Täuschungen und Enttäuschungen der Wissenschaft

Daß sich die jungkonservative Auseinandersetzung mit Weber und der Wissenschaftskrise nicht auf tumbe Gemeinschaftsrhetorik reduzieren läßt, wie sie bei Krieck vorherrschte, zeigt der Artikel Albert Dietrichs in »Die Neue Front«, dem programmatischen Sammelwerk der Berliner Jungkonservativen um Moeller van den Bruck. Dietrich, der sich zu dieser Zeit noch bei Ernst Troeltsch in Berlin zu habilitieren suchte, hält sich in diesem Beitrag mit Polemik und politischer Agitation weitgehend zurück. Denn statt nach der aktuellen »Modeordnung« zu schielen und den Chor der »Krisendichtungen« um eine weitere aufgeregte Stimme zu erweitern, will er die philosophischen Gründe des »gegenwärtigen Chaos« untersuchen, und da sei ihm das begrenzbare Gebiet der »Wissenschaftskrisis« einfach die geeignete Erscheinungsform.[28] Auch wenn die hier zur Schau getragene Absetzung von intellektueller Mode und geistigem »Geschwätz« selbst nur konservative Rhetorik ist und die philosophische Klarheit lediglich ein Versprechen bleiben wird,[29] so gelingt Dietrich dabei – gerade im Vergleich mit Krieck – dennoch ein zumindest beachtenswerter Versuch, der Krise nicht in erster Linie agitatorisch, sondern analytisch und auf dem Boden der alten Wissenschaft zu begegnen.[30]

Die Untersuchung beginnt damit, daß Dietrich eine eigentümliche Vorstellung beobachtet, die Verteidiger wie Verächter der Wissenschaft eine. Es ist dies die Annahme, daß die noch relativ begrenzte Krise der Wissenschaft identisch sei mit der Krise der Moderne, daß also die Erschütterungen, die der Fortschritt in der Wissenschaft gegenwärtig erfahre, auch das »Grundgebäude der Moderne« unweigerlich mit einzustürzen drohten.[31] Die Ursache für diese zwar unterschiedlich bewertete, aber grundsätzlich geteilte Annahme liegt für Dietrich dabei in dem »überschwenglichen Erwartungsgefühl«, das die Wissenschaft zur »ausschlaggebenden Macht« des Lebens, ja geradezu zu einer »Wundermacht« erhoben habe und auf dessen Selbsttäuschung nun eben die als krisenhaft empfundene *Ent*täuschung mit all ihren intellektuellen »Nutznießern« folge.[32] Den Lehren solch vermeintlicher »Auswegdenker« wie Marx, Spengler und Steiner, die selbst jedoch nur Ratlosigkeit und »fundamentales Irregewordensein« bezeugten, werde dabei solange nachgelaufen, bis endlich die eigentliche »Unterströmung« jener »geistigen Unruhe« begriffen ist, die auch diesem »Schaukelverhältnis von Erwartung und Enttäuschung« zugrunde liegt.[33]

Nicht ohne sich äußerst umständlich der »Verwickeltheit« dieses Problems zu vergewissern,[34] stellt Dietrich fest, daß diese Unruhe, mithin also auch die Wissenschaftskrise nicht von der »inneren Sachlage der Wissenschaft selbst« herrühre, sondern eine tiefere Ursache habe. Während es »intraszientistische Wissenschaftskrisen« immer wieder gegeben habe und diese als »Klärungskrisen« auch notwendig seien, so sei die gegenwärtige Lage einem grundsätzlichen Mißverhältnis zwischen »szientistischem Kulturbereich« und »nichtszientistischen Kulturbereichen« geschuldet. Wofür auch immer diese beiden Kategorien bei Dietrich stehen mögen, vom »Kulturganzen« aus gesehen, d.h. eingedenk all der seit der Renaissance entstandenen Bewegungen und Gegenbewegungen,[35] könne man nicht anders, als von einer »extraszientistischen Wissenschaftskrisis« zu sprechen. Diese läge zuletzt darin begründet, daß der moderne Mensch, der irgendwann die »fürchterliche Leere gegenüber seiner religiösen Berufung zu ahnen« begann und verzweifelt den sich (nun ohne göttliche Hilfe) vor ihm auftürmenden Aufgaben gegenüber stand, die »Heil- und Wunderkräfte« seiner ursprünglichen »Lebenskreise« auf den »Dienstsbereich der Wissenschaft« übertragen habe, von ihr also auch seine Erlösung erhoffte und sie damit natürlich überforderte.[36]

Dietrichs leider nur kurz angerissene und recht kryptisch formulierte These besagt also, daß die unzulässige Übertragung von religiösen Hoffnungen auf die Wissenschaft dazu geführt hat, daß die Wissenschaft angesichts dieser Überforderung in ein Wechselspiel aus Täuschung und Enttäuschung geraten sei, dessen letzter Ausdruck das gegenwärtige geistige Chaos mit all seinen Krisen ist.[37]

Weniger um seine These zu belegen, als vielmehr um zu zeigen, wie tief dieses Chaos ist und wie verwirrend seine »Narrungskünste« sind, zieht Dietrich dann Webers Vortrag über »Wissenschaft als Beruf« heran. Denn während man über Georg Simmel und dessen »unfruchtbare Selbstzergliederungen« noch mit kräftigem Lachen (!) hinweggehen könnte, so sei Weber das geradezu »erschütternde Beispiel« dafür, wie dieses Chaos selbst einen der »wachesten und härtesten Köpfe« der Zeit in seine Täuschungen verstrickt habe.[38] Der Vortrag selbst ist für Dietrich dabei zwar nur eine »Gelegenheitsrede«, gehalten überdies in einem ganz bestimmten politischen Zweckzusammenhang, so daß hieran wie an die sich anschließende »Augenblicksauseinandersetzung« nicht die Hoffnung auf dauernde Klärung geknüpft werden dürfe. Dennoch sei der Vortrag gerade dort bedeutsam, wo sich Weber gegen das »gärende Mischmasch von Halbwissenschaftlichkeit und Demagogentum« wende, wo er also zum schärfsten Feind der von Dietrich verachteten »Auswegdenker« wird.[39] Da Weber nun aber nicht deren kontradiktorischer Gegner sei, weil auch er letztlich dem Wechselspiel von Täuschung und Enttäuschung unterliege,[40] versucht Dietrich den Widerspruch in dessen doch so »meisterhafter Begriffschemie« an drei Punkten aufzuzeigen.

Der erste Punkt bezieht sich auf Webers Rationalisierungskonzept und knüpft selbst noch entfernt an Dietrichs eigene Überforderungsthese an. Denn es sei von Weber zwar richtig beobachtet, daß eine umfassende Verfachlichung und Spezialisierung, kurz ein »Rationalisierungsprozeß ohnegleichen« stattfinde, doch sei dies nicht notwendig und keineswegs ausschließlich so. Nicht nur der Universalismus – »den übrigens niemand mehr in Hirn und Blut besessen« habe als Weber – breite sich in gleichem Maße aus wie die Spezialisierung, auch die Entzauberung der Welt verdränge das Irrationale keineswegs, ja die Rationalisierung verzaubere sich letzten Endes gar selbst, wenn sie etwa mit dem »Kapital« neue Mächte schaffe, die sie selbst noch gar nicht versteht.[41] Was hier noch nach einem Gedanken Kahlers klingt,[42] wird durch Dietrichs zweigeteilte Begründung jedoch weitgehend trivialisiert. Einmal ergebe sich nach Dietrich die Wiederverzauberung nämlich dadurch, daß der »schaffende Geist« immer einen (zeitlichen) Vorsprung vor dem »erkennenden Geist« habe, daß also immer etwas noch nicht erkannt sein könne, was doch schon geschaffen sei, und dadurch eben ein irrationaler Rest immer zurückbleibe. Zum anderen zeige sich schon durch Webers Metapher vom Widerstreit der Kulturgebiete als einem ewigen Kampf der »Götter«, daß es mit der Entzauberung der Welt nicht weit her sein könne.[43]

Der zweite angebliche Widerspruch in Webers Vortrag betrifft die praktische Konsequenz in dessen »pluralistischer Kulturmächtelehre«, also seine Wertfreiheitsthese. Hier ließen sich nach Dietrich gleich zwei »verhängnisvolle Irrungen« nachweisen. Die erste sei, daß Weber die eigentlich axiologische These der Wertfreiheit wissenschaftlichen Denkens in seinem Vortrag »*unvermerkt*« auf die Soziologie übertragen habe und somit anstelle des akademischen Lehrers und Führers den »beamteten Wissenschaftsverkäufer« fordere.[44] Fällt nun dieser vermeintliche »Fehler« sofort auf Dietrich selbst zurück, weil er die eigentliche These Webers umkehrt,[45] ist der zweite Vorwurf eher logisch-pedantisch. Denn so wenig mit Dietrich bestritten werden kann, daß auch die Apolitie letztlich eine politische Handlung darstellt, daß also auch die Forderung, Politik aus dem Hörsaal zu verbannen, politische Implikationen haben kann, so wenig erhellt daraus, daß allein durch diese Anerkenntnis möglicher Wechselwirkung von Wissenschaft und Politik schon einer »politischen Wissenschaft« das Wort geredet wäre, mit der sich Weber tatsächlich widersprochen hätte (wenn er denn tatsächlich für sie eingetreten wäre!).[46] Auch wenn man den Gehalt dieser Argumente also mit guten Gründen anzweifeln darf, für Dietrich ist damit erwiesen, daß Weber Wissenschaft und Politik zwar in seiner Person, nicht aber systematisch vereinigen könne, denn wenn überhaupt, so leiste diese »Überbrückung« nur die Philosophie.

Damit ist nun der dritte Kritikpunkt an Weber berührt, und um diesen geht es Dietrich eigentlich. Die Behauptung, auch die Philosophie könne nurmehr eine Fachdisziplin der Wissenschaft bzw. eine »strenge Wissenschaft« im Sinne Husserls sein, sei nämlich das eigentliche Grundproblem im Denken Webers, in dem sich die ganze »Dauerkrisis der Philosophie seit Hegels Tode« offenbare.[47] Denn über diesen Versuch, sich mit der Beschränkung auf Erkenntnistheorie und Wissenschaftslehre endlich »*wissenschaftsreif*« und damit nach Dietrich auch *erlösungsfähig* zu machen, verlor die einst große und stolze Philosophie, wie sie sich noch bis hin zu Kant finden ließe, erst ihre ursprüngliche Einheit, um sodann als Reaktion darauf lebensphilosophische sowie »pseudomystische und scheinwissenschaftliche« Gegenbewegungen hervorzubringen, die sich aus Enttäuschung über den übriggebliebenen Schulrationalismus irrationalen sowie neuerdings auch (fern-)östlichen Weisheitslehren zugewandt haben.[48]

Was ist mit dieser »Widerlegung« Webers jetzt aber gewonnen? Da sich Dietrich eines abschließenden Urteils enthält und lieber auf die »Wissenschaftsgeschichte« als dem »Wissenschaftsgericht« verweist,[49] steht man etwas ratlos vor diesem ganzen Aufwand. Klar ist, daß Dietrich auf eine wiederzugewinnende Einheit und Einheitlichkeit der Philosophie hofft und Webers wesentlich fragmentarisches und unabgeschlossenes Wissenschaftskonzept dabei ebensowenig gebrauchen kann wie diejenigen, die sich angesichts solcher Selbstbeschränkung in die diversen Irrationalismen stürzen. Insofern gehört Dietrichs Artikel bereits zu den Verteidigern einer alten Wissenschaft bzw. hier der klassischen deutschen Philosophie und vor allem Kants. Daß dieser Konservatismus dennoch nicht bloß bewahrend ist, sondern sich durchaus auch auf die »neue Front« der Jungkonservativen hin orientierte, tritt in diesem Artikel zwar zurück,[50] doch seine »werkfrohe« und »weitausschauende Bauarbeit« an der *einen* Philosophie als der notwendigen Bastion im Meer des ringsum wogenden geistigen Chaos weist auch hier direkt auf das jungkonservative Grundmotiv, daß man der Moderne zwar positiv gegenüberstand, sie letztlich aber doch gern als »einfache Moderne« gehabt hätte.[51]

5. Die Antwort der »alten« Wissenschaft

Auch wenn in den bisherigen Stationen der Kontroverse die Vorstellungen darüber, wie die neue Wissenschaft auszusehen habe, deutlich auseinander gehen mochten, weil ihr hier die Kunst und dort Gemeinschaft und Politik als lebensbestimmende Mächte die wesentliche Prägung geben sollten, so einte diese Positionen doch die Überzeugung, daß mit dem Krieg und spätestens mit dem Tode Max Webers die Zeit der bestehenden, »alten« Wissenschaft endgültig vorbei und die einer jungen, »neuen« Generation angebrochen war. Sicher hatte es die ersten Anzeichen einer solchen Revolte gegen Positivismus und Intellektualismus, also gegen die von der alten Wissenschaft verkörperte alleinige Orientierung an feststellbarem Tatsachenwissen und rationaler Begründung bereits vor dem Krieg und speziell in den Kulturwissenschaften sogar noch vor der Jahrhundertwende gegeben. Aber erst jetzt, wo sich diese längst gehegten Zweifel am Beruf der Wissenschaft mit der Situation von Niederlage und Neubeginn verbanden und sich die Wissenschaft in einem ihrer exponiertesten Vertreter demonstrativ der Neuausrichtung ihres Berufes verweigerte, schien vielen aus der jungen Generation der Zeitpunkt gekommen, auch deren letzte Götzen zu stürzen, um an ihre Stelle das Ideal des *ganzen* oder besser noch des *Vollmenschen* zu setzten, dem die Wissenschaft und deren Notwendigkeiten nur mehr ein nachgeordneter Teil des Lebens sein sollte.

Für die Vertreter der alten Wissenschaft, die ja noch immer auf dem Katheder standen, bedeutete dieser Anspruch natürlich eine enorme Herausforderung. Eduard Spranger, selbst nicht viel älter als viele derer, die im Namen der jungen Generation das Wort ergriffen, dafür aber seit 1912 ordentlicher Professor in Leipzig, gibt davon einen Eindruck, wenn er schreibt: »Stärker als vor dem Kriege schlägt mir aus dem Hörsaal eine psychische Welle entgegen, die ich in allen Nerven spüre und die sich in die Worte fassen ließe: Wir wollen keine Wissenschaft – wir wollen religiöse Gewißheit, schönheitumflossene Schauung, wir wollen Nahrung und Bestätigung für unsere aufbauenden Instinkte.«[1]

Angesichts der so empfundenen Stimmung unter den Studenten und im Hinblick auf die Auseinandersetzung mit Webers Vortrag, die zu einer wahrhaften »Revolution der Wissenschaft« sich zu entwickeln drohte, sahen sich einzelne Vertreter der alten Wissenschaft zu einer Reaktion gezwungen. Die Antworten, die diese, wie sie Ernst Krieck nicht ohne Häme nannte, »›bewiesenen‹ Professoren«[2] unmittelbar auf die Forderungen der jungen Generation und mittelbar auch auf die Thesen Webers gaben, waren zunächst jeweils klare Absagen an die ausgerufene Revolution und die neue Wissenschaft, soweit sie sich, wie gesehen, überhaupt aus den Forderungen Kahlers oder Kriecks ableiten ließ. Auch die Form der Auseinandersetzung und vor allem die Personalisierung des Angriffs wurden durchgehend verurteilt. Da sich Weber in der Sache aber niemand so recht anschließen wollte, weil er in seinem Vortrag den einen ein zu düsteres, den anderen ein zu enges Bild der Wissenschaft gezeichnet hatte, das vor allem der Philosophie keinen Raum mehr ließ, entwickelten sich die Antworten wie schon die erste Replik von Arthur Salz zu je unterschiedlich gewichteten Versuchen, zwischen den beiden Positionen Webers und Kahlers zu vermitteln. Ob und wie beim Fortgang der Debatte dabei die Argumente der ersten Kritiker aufgenommen wurden und in welche Richtung die Vermittlungsversuche jeweils gingen, soll jetzt zu untersuchen sein.

a.) Ernst Troeltsch und das Panorama der geistigen Revolution

Der erste, der die Herausforderung der neuen Wissenschaft annahm und ausführlich auf die geistigen Revolutionäre antwortete, war der ebenfalls lange in Heidelberg lehrende und mit den Protagonisten des Streites eng vertraute Theologe und Religionssoziologe Ernst Troeltsch. Daß er in dieser Kontroverse ausdrücklich im Namen der alten Wissenschaft das Wort ergriff und die Schriften Kahlers und Salz' zum Gegenstand einer breiten Rezension machte, begründete Troeltsch dabei gar nicht in erster Linie mit dem Gehalt beider Schriften. Er betrachtete sie vielmehr als »Symptome« einer bereits vor dem Krieg sich abzeichnenden, nun aber voll ausgebrochenen Revolution auf dem Gebiet des Geistes und der Wissenschaft,[3] die mit der von Troeltsch untersuchten »Krisis des Historismus« zwar nicht identisch sei, in ihr aber wohl ihren prägnantesten Ausdruck gefunden habe.[4] Um nun die symptomatische Bedeutung dieser Schriften zu begreifen, und das heißt sicher auch, um sie nicht überzubewerten, entwirft Troeltsch also ein großes Panorama all der Strömungen, die er zur »geistigen Revolution« und zu den von ihr propagierten »neuen Geisteswissenschaften« hinzurechnet, und zeichnet in großen Strichen deren Genese nach.[5]

Das erste Moment der Revolution, die, wie Troeltsch zu Recht bemerkt, eine Revolution ausschließlich der Geisteswissenschaften und der Philosophie ist, also weder die Naturwissenschaften berührt noch mit einer wirklich politisch-sozialen Revolution einhergeht,[6] ist für ihn zunächst eine Art »Neuromantik«, die sich wie einst im »Sturm und Drang« wiederum gegen eine verknöcherte Aufklärung erhebt, jetzt jedoch über äußerst verfeinerte wissenschaftliche Mittel dazu verfüge.[7] Die mit dieser Romantik verbundene Abscheu gegen bloßes Verstandes- und Kausalitätsdenken, die Sehnsucht nach »Erlebnisunmittelbarkeit« sowie die Attitüde »persönlicher Aristokratie und künstlerischer Vornehmheit« seien dabei keineswegs gänzlich neue Phänomene, sondern zögen sich wie eine Linie von Schopenhauer und Nietzsche über Croce, Bergson und Dilthey bis hin zu den Phänomenologen im Anschluß an Husserl und bildeten so den eigentlichen Nährboden, auf dem sich die Revolution nun erst vollziehen könne. Was solchen Neuromantikern im Unterschied zu den jetzigen Revolutionären nämlich noch fehlte und sie deshalb der alten Wissenschaft noch verhaftet bleiben ließ, war ein »wirkliches, anschauliches, erlebtes und erneuerndes Gesetz und Dogma«.[8] Diese Lücke auszufüllen boten sich zwar viele Erneuerer und Reformer an, doch niemand habe dies mit gleichem Ernst und gleicher Wirkung vermocht wie Stefan George, diese »Fleisch gewordene neue Werttafel«, die über die Schulbildung und vor allem über Friedrich Gundolf zum wenn nicht auslösenden, so doch wenigstens prägenden Moment dieser Revolution werden sollte.[9] Deutlich macht Troeltsch dies in einem Durchgang durch die an dieser Werttafel ausgerichteten Schriften der Georgeaner, die sich insgesamt einem »edlen Dilettantismus« verschrieben zu haben scheinen, dessen Merkmal es ist, »natürlich kenntnisreich« zu sein, ohne doch »in Kenntnissen auf[zu]gehen«.[10] Das Neue und Revolutionäre an diesen Schriften sind dabei für Troeltsch weniger die einzelnen Deutungs- und Konstruktionsmethoden, deren Schlagworte »Geist«, »Leib« und »Intuition« jeweils nur *relative* Neuerungen darstellten, insofern sie nämlich gegen die »herrschende Zunftphilosophie« in Stellung gebracht würden, sonst aber selbst dem romantischen und historistischen Arsenal des 19. Jahrhunderts entnommen seien. Vielmehr liege das Neue in ihrer durchgehend aristokratischen und alles »Soziologisch-Oekonomisch-Politische« verachtenden Haltung sowie in der Verschmelzung dieser Methoden zu einer regelrechten »Verleibung des Geistes«.[11] Daß man dabei dann tatsächlich von einer Revolution sprechen müsse, liege daran, daß diese »neuen Methoden« keineswegs auf den George-Kreis beschränkt blieben, sondern der Kreis derer, die sich in dieser Weise oder unter Verwendung anderer Dogmen von neukantianischem Schulrationalismus abwendeten, bereits weit in die Geisteswissenschaften und die Soziologie sich ausgebreitet habe und dort mit Oswald Spengler, Alfred Weber, Wilhelm Worringer, Walter Rathenau oder Max Scheler ebenso illustre wie grundverschiedene Denker miteinander vereine.[12]

Nun mag, wie Troeltsch selbst einräumt, dieser Kreis sehr weit gezogen sein, doch daß sich hier eine »neue Geisteswissenschaft« ankündige, die »gegenüber der Zunft und dem Herkömmlichen [der] Proklamation einer geistigen Revolution« gleichkomme, daran besteht für ihn ebensowenig ein Zweifel wie daran, daß Kahler das »Kriegsmanifest« dieser Wissenschaft geschrieben habe.[13] Ist dieses gezeichnete Panorama also Voraussetzung zum Verständnis Kahlers, so ist es zugleich aber auch der Grundstein für seine Kritik. Denn indem Troeltsch Kahler und die übrigen Georgeaner in den Kontext dieser weiten »Neuromantik« stellt und ihre Genese ebenso wie ihre Abhängigkeiten skizziert, relativiert er nicht nur ihre Position und ihre Instrumente, sondern nimmt ihnen vor allem das »ungeheure Novitätspathos«, von dem ihre Angriffe auf die alte Wissenschaft ja nicht unbeträchtlich lebten.[14]

Die weiteren Kritikpunkte an Kahler und im übrigen auch an Salz, der »im Grunde doch sehr ähnlich, nur vorsichtiger und gereifter denkt«,[15] bringt Troeltsch dann im Anschluß an das Referat dieser Schrift. Obschon er ihm dabei bescheinigt, »ein sehr jugendliches [...] und menschlich tief bewegendes Buch« geschrieben zu haben,[16] fällt das Urteil doch verheerend aus. So sei Kahlers »Generalisation der alten Wissenschaft eine verschwommene Ungeheuerlichkeit« und beruhe im Ganzen doch »auf sehr ungenauer Kenntnis der positiven Wissenschaften«. Dies zeige sich nicht zuletzt daran, daß er die gesamte alte Wissenschaft mit dem Namen Max Webers verbinde, was trotz des sicher »etwas erschreckenden Eindrucks des Weberschen Vortrages« dennoch »ein glatter Mißgriff« gewesen sei.[17] Was zudem die positive Ausarbeitung der »neuen« Wissenschaft betrifft, so sei diese nach Troeltsch überhaupt »wenig ausgegoren«, so daß kaum etwas bleibe als »erschütternde Klagen über die Uferlosigkeit des modernen Spezialistentums« verbunden mit vagen Ausblicken auf Gedankensplitter Bergsons, Husserls und Diltheys.[18]

Die eigentliche Kritik trifft jedoch, weil sie für Troeltsch wiederum »symptomatisch« auch für die anderen Schriften der geistigen Revolution steht, einen anderen Punkt. Es ist dies die »gewaltsame Vereinerleiung« dreier grundsätzlich getrennter

Sphären, nämlich einmal die der exakten Wissenschaften, dann die der Philosophie sowie schließlich die der »praktisch-persönlichen Lebenshaltung«.[19] Weil nicht nur Kahler, sondern die »jungen Herren« der neuen Wissenschaft insgesamt eigentlich auf die dritte Sphäre hinauswollten, vermischten sie, so Troeltsch, ständig Fragen der persönlichen Lebensführung mit denen der Wissenschaft und heraus komme dann eine geheimnisvolle und esoterische Mystik, die ihnen zugleich doch noch Wissenschaft sein soll. Um hier jedoch nicht solch »absolute Widersprüche« zu produzieren, gelte es, diese drei Ebenen streng auseinanderzuhalten und ihren jeweils spezifischen Anforderungen zu genügen, wobei Wissenschaft nun einmal nur in Gestalt der alten, also als positive und Spezialwissenschaft möglich und das, was Weber hier über sie sage, »in seiner Klarheit und Männlichkeit das einzig Wahre« sei. Auch im Hinblick auf die Sphäre der praktischen Lebenshaltung bleibt Troeltsch eng bei Weber. Wie dieser betont auch er die Notwendigkeit, diese Haltung fest auf einen Glauben oder eine Weltanschauung zu gründen, ohne dabei die praktischen und ökonomischen Lebensverhältnisse aus dem Blick zu verlieren. Gerade letzteres täten aber die »Mystiker der Kahlerschen Visionen« und müßten daher, obgleich sie doch praktisch auf das Volk wirken wollten, am »ehernen Felsen der realen sozialen und ökonomischen Verhältnisse zerstäuben«.

Erteilt Troeltsch also auf diesen beiden Ebenen Kahler und der gesamten »neuen« Wissenschaft eine mehr als deutliche Absage, so weicht er im Hinblick auf den Stellenwert der Philosophie doch noch von Webers Seite. Vor dem Hintergrund seiner eigenen Überlegungen zur »Kultursynthese«, die durch geschichtsphilosophische Konstruktionen gemeinsame Normen und zuletzt stabile politische Verbände schaffen sollte, kann er Webers Behauptung, daß auch die Philosophie bloß eine exakte und positive Wissenschaft sei, nämlich ebensowenig zustimmen wie seinem »unmöglichen Skeptizismus und die Werte gewaltsam bejahenden Heroismus«, widerstrebten doch beide Gedanken der Absicht und der Möglichkeit einer solchen Synthese.[20] Aber auch wenn sich Troeltsch an dieser Stelle mit einigen bei Kahler »herausfühlbaren Instinkten« treffen mag, so bleibt dies, da Webers Lehre für ihn »wahrlich nicht der Standpunkt der heutigen Philosophie in genere« sei, zumindest für die alte Wissenschaft und also für die Verurteilung der Angriffe gegen sie ohne Bedeutung.

War nun Troeltschs Verteidigung Webers und der alten Wissenschaft bis dahin im Ton wie in der Sache an Klarheit und Schärfe kaum zu übertreffen – zuletzt, da es um Troeltschs eigenen Stellungnahme zur Zukunft der Wissenschaft ging, bekam sie dann doch noch einmal etwas Versöhnliches, vielleicht sogar Fatalistisches. Denn Troeltsch bekenne sich zwar weiter zum Glauben an Strenge und Methodik der positiven Wissenschaft, andererseits sehe er aber auch, daß die von ihm beschriebene Revolution auch der Ausdruck eines »Generationenumschlags« sei und insofern nicht einfach argumentativ widerlegt werden könne, selbst wenn sie wieder nur ein Epigone der Romantik mitsamt ihrer »revolutionären Bücher gegen die Revolution« sei.[21] So macht er sich dann auch keine Illusionen darüber, daß angesichts dieses Generationenwechsels der ohnehin vielfach »tote und konventionelle Wissenschaftsbetrieb« kaum zu halten sein werde. Gleichwohl, am Ende bleibt die Hoffnung, daß zumindest dessen »exakte Gehalte und Methoden in die neue Denkweise eingehen« werden, daß es also auf diesem Gebiet bei aller Revolution (wenigstens) zu einer historisch vermittelten Synthese komme und so die Wissenschaft auch in das neue Denken gleichsam hinübergerettet würde.[22]

b.) Aus dem Zentrum der Kritik – die Antwort der Neukantianer

Abgesehen von der Kritik im Einzelnen hatte der Streit um Webers Vortrag für Troeltsch vor allem symptomatische Bedeutung. Er war der vorerst letzte Ausdruck einer allgemeinen Rebellion gegen Naturalismus, Skeptizismus und Historismus, die man in ganz Europa beobachten könne, die aber in Deutschland, wo, so Troeltsch, selbst in gänzlich »unphilosophischen« Zeiten die intellektuelle Luft »mit einem Hauch von Philosophie oder doch mindestens allgemeiner Konsequenz-Macherei und prinzipiellen Betrachtungen geschwängert« sei, nun ihre schärfste Ausprägung erfahren habe.[23] Das Feindbild gerade der deutschen Rebellion, das auch Troeltsch wenigstens partiell teilte, war dabei der Neukantianismus, der, obwohl innerlich keineswegs so einheitlich, wie es die Kritiken suggerierten, stellvertretend für die gesamte Universitätsphilosophie und damit für die alte Wissenschaft stand.[24] Wo es also einfach zum guten Ton selbst jeden Primaners gehörte, Kant endgültig »überwunden« zu haben, wie Arthur Salz süffisant bemerkte,[25] da ist es wenig erstaunlich, daß auch in den Angriffen gegen Weber die Kritik an Kant und am Kantianismus ihren festen Platz hatte.[26] Zwar bot der Vortrag selbst dazu eigentlich kaum einen Anlaß, doch die zahlreichen begrifflichen Anleihen bei Windelband, Lask oder Rickert, die Weber im Rahmen seiner methodologischen Schriften bei den erkenntnistheoretischen Problemen historischer Individuen oder Fragen der Wertphilosophie machte, verwiesen ihn nicht nur in den Augen der zeitgenössischen Kritiker in das Umfeld des (südwestdeutschen) Neukantianismus.[27]

Angesichts dieser Konstellation nimmt es daher nicht wunder, daß in der Kontroverse um »Wissenschaft als Beruf« auch zwei der prominenten Neukantianer, nämlich Jonas Cohn und Heinrich Rickert das Wort ergriffen,[28] betraf doch die Kritik an Weber und der alten Wissenschaft immer *auch* und nicht selten wohl *vor allem* ihre philosophische Position. Die Strategie, die ihre Argumentation dabei verfolgte, glich derjenigen Troeltschs. Wiesen sie einerseits im Namen der alten Wissenschaft die ebenso unklaren wie überzogenen Ansprüche der Revolutionäre strikt ab, so wahrten sie doch auch die Distanz zu Weber, der ihnen nicht nur die Philosophie zu sehr in ihrer Kompetenz beschnitt, sondern der mit seinem (theoretischen) Wertrelativismus in ihren Augen auch zur Lösung der allgemeinen Krise nichts beitragen könne.

Der erste, der so auf Weber und Kahler antwortete und also einen Mittelweg zwischen der wertsetzenden »neuen Wissenschaft« einerseits und dem »Polytheismus der Werte« andererseits suchte, war Jonas Cohn. Das von ihm diagnostizierte »Mißtrauen« Webers gegen die Wissenschaft in der Frage der Begründung von Werten schien Cohn dabei zunächst gar nicht prinzipiell fremd. Zumindest referiert er dessen Haltung im

Hinblick auf die Einzelwissenschaften sehr zustimmend, vermischten sich doch dort praktische oft mit theoretische Fragen, so daß die strikte Enthaltung von Wertungen nur zur Klarheit beitragen könne.[29] Anders steht es dagegen mit der Philosophie. Daß Weber in seinem Vortrag auch ihr die Fähigkeit abgesprochen habe, über Werte entscheiden zu können, ist Cohn dann doch zu viel der »Resignation« und des »Wertrelativismus«. Zudem verweise dies selbst wieder auf die eigentlich »irrationalen«, weil nicht beweisbaren Voraussetzungen seiner Lehre, an denen sich die »bedeutsame Gegnerschaft« Kahlers und des George-Kreises ja eigentlich entzündet habe.[30] Denn neben der Überzeugung vom »Eigenwert rein wissenschaftlicher Arbeit« liege seinem Vortrag vor allem die tief resignative »Anschauung vom Beruf unserer Zeit« zugrunde, nach der echte Erlösung nur aus dem »heilsamen Gefühl der Not« entstehen könne und durch Opiate aller Art ebenso bloß hinausgezögert würde wie durch alle sonstigen Versprechungen »echten Lebens« inmitten der chaotischen Gegenwart.[31]

Dieser letzte und von Weber offensichtlich intendierte Affront gegen George und seinen Kreis war für Cohn aber nur der Anlaß des Streits, der dann ja von Kahler auch sofort ins Grundsätzliche gewendet wurde und weniger gegen Weber als vielmehr gegen »unsere Wissenschaft im allgemeinen« gerichtet gewesen sei.[32] Zwar konnten Cohn die einzelnen Argumente Kahlers für eine »gestaltschaffende« Wissenschaft dabei ebensowenig überzeugen wie sie Webers Position zu widerlegen vermochten, aber trotz aller »Lebensferne« und fehlender Maßstäbe der Kahlerschen Schrift[33] bleibe bei ihm doch das »Gefühl« bestehen, daß das »Nebeneinander der verschiedenen Werte«, wie es Weber postulierte und wie es von Kahler so fundamental bekämpft wurde, »nicht im letzten Sinne berechtigt sein könne«, selbst wenn es in einer »gewissen Schicht wissenschaftlicher Betrachtung fast selbstverständliche Voraussetzung sein« mag. Um aber dieses unverbundene Nebeneinander der Werte, das also auch Cohn zu überwinden trachtete, aufzulösen, bedürfe es noch lange nicht der neuen Ziele der Wissenschaft, wie sie Kahler vorschlage, sondern es genüge hier eine grundsätzliche Reflexion auf die

Möglichkeiten einer dialektischen Wertphilosophie, deren Programm Cohn dann im folgenden auch skizziert.

Das Ergebnis dieser Skizze ist dabei wenig überraschend und läuft darauf hinaus, daß die Philosophie eben doch mehr könne, als von Weber zugestanden. Denn da das »Leben« selbst werthaft sei und nach Ordnung dieser Werte verlange, sei es nun einmal die primäre Aufgabe dieser Philosophie, solche Werte aufzufinden und zu ordnen.[34] Daß eine solche Ordnung nicht notwendig in einem bloß kontemplativen »Schaubild« enden müsse, daß die Philosophie also auch eine Bedeutung für das Leben habe, ergebe sich nach Cohn dabei schon aus der Struktur menschlicher Handlungen, die nämlich weder aus der bloßen Einheit des Lebendigen entspringen (Kahler) noch Entscheidungen ohne philosophische Reflexion seien (Weber), sondern eben immer auch reflektierte Handlungen sind, also auf bestimmte »Werteinsichten« beruhen, mit denen sie sich wiederum zum Wertsystem verhalten und dieses entsprechend verändern oder bestätigen.[35] So steht am Ende dann zwar kein vollständiges System von Werten, aber doch ein dialektisches System von »Werteinsichten«, das von der Philosophie in seinem Verhältnis zur Erkenntnis des Ganzen betrachtet und beurteilt werden könne.[36]

Die dialektische »Lösung« des Wertproblems durch die Philosophie, die Cohn hier andeutet und die er später mit seiner monumentalen »Wertwissenschaft« noch einmal endgültig zu formulieren suchte,[37] war anders als die bisherigen Texte der Debatte nicht in erster Linie eine Polemik für oder gegen Weber und die alte Wissenschaft. Eher zeugte sie noch vom Vertrauen, auch dieser Krise mit den erprobten erkenntniskritischen und dialektischen Mitteln der Wertphilosophie Herr zu werden, wenngleich sie dadurch natürlich wirkt, als unterschätze sie das eigentliche Problem. Denn gerade diese Mittel waren es ja, die durch Kahler zur Disposition standen und denen durch ein weiteres, nun jedoch dialektisches »Schaubild« schon deshalb kaum geholfen war, weil dieses die Frage nach Entscheidung und Begründung von Werten letztlich nur noch weiter, nämlich bis zur Erkenntnis des dialektischen »Ganzen« hinausschob.

Wesentlich pointierter als Cohn nahm die Herausforderung durch die neue Wissenschaft dagegen Heinrich Rickert an, der sich – obschon erst einige Jahre später – in gleich zwei Beiträgen des »Logos« mit dem in die Krise geratenen Beruf der Wissenschaft und den Kritikern Webers auseinandersetzte.[38] Gleichsam als Fortsetzung seiner früheren Abrechnung mit der Lebensphilosophie und den übrigen philosophischen »Modeströmungen« der Zeit[39] griff Rickert dazu im ersten Artikel ausführlich die Argumente derer auf, die den Wert und den bisherigen Beruf der Wissenschaft in Frage stellten und dabei unaufhörlich deren »Krisis« und »Revolution« im Munde führten. Bei näherer Betrachtung zeige sich nun, daß ihre allseits bekannten Vorwürfe sämtlich nur auf eines hinausliefen, nämlich auf die »Überwindung des Intellektualismus«, an dessen Stelle dann wieder der vermeintlich »ganze Mensch« treten solle.[40] Wolle man also Klarheit über die gegenwärtige Krise gewinnen, so müsse man nach Rickert die Beziehung von Wissenschaft und Intellektualismus aufklären, was, da Wissenschaft nun einmal ein gewachsener Teil der gegenwärtigen Kultur sei, nur historisch und also unter Rückgang auf ihre frühesten Wurzeln möglich sei.[41] Damit bedient sich Rickert aber eines durchaus klugen Schachzuges, auf den er auch in seinem zweiten Artikel zurückgreifen wird. Denn indem er die griechische Philosophie und Wissenschaft zum Referenzpunkt seiner Überlegungen macht und fragt, »ob eine wie die griechische verfahrende Wissenschaft notwendig zum Intellektualismus führ[e]«, nutzt er den akademischen Philhellenismus der neuen Wissenschaft, um zu zeigen, wie unnötig deren platonisierende Erneuerung der Wissenschaft eigentlich ist.

So macht Rickert denn auch in einem langen und nur von einem Exkurs zur Lebensphilosophie unterbrochenen Bogen deutlich, welches die Konstituenten derjenigen Wissenschaft sind, die die griechische Philosophie erstmals entdeckt und dann zu »zeitlosen Kulturgütern« entwickelt habe.[42] Als *Subjekt* solcher Wissenschaft sei dies einmal der »theoretische Mensch«, der, weil er die Wissenschaft um ihrer selbst willen sucht, diese überhaupt am Leben erhalte. Ihr *objektiver* Gehalt sei sodann immer schon die ganze Welt, allerdings nun nicht mehr unter dem Ziel der Erkenntnis des Weltganzen, sondern als Suche nach Ganzheiten und Prinzipien, die, und darauf kommt es Rickert an, in »mythenfreien« Zusammenhängen dargelegt werden müssten. Da schließlich aus bloßer Anschauung (auch des Weltganzen) noch keine Erkenntnis folge, müsse das genuine *Mittel* der Wissenschaft der Begriff sein, wie er erstmals in der sokratischen Methode systematisch benutzt wurde. Eine Erneuerung der Wissenschaft aus dem Geiste Platons, so müßte man also den von Rickert offen gelassenen Schluß ziehen, könne daher gar nicht zu anderen Grundsätzen kommen, als zu denjenigen, auf denen die sogenannte »alte« Wissenschaft bereits stehe. Was dabei den Vorwurf des Intellektualismus betreffe, so sei dieser nach Rickert zunächst einmal bei der griechischen Wissenschaft selbst zu suchen, da sie es gewesen sei, die mit ihrer Urbild-Abbild-Theorie die Welt erstmals logisch-begrifflich eingeteilt habe. Fiele jedoch endlich diese von Kant ja bereits stark erschütterte Theorie, dann, so sein überraschendes Fazit, sei auch der Intellektualismus heute nicht unüberwindbar.[43]

Selbst wenn Rickert hier unterschlägt, daß der dann übrig bleibende Nominalismus in gleichem wenn nicht sogar stärkerem Maße von den selben Kritikern als intellektualistisch und relativistisch geziehen würde, so nötigt einem die »Chuzpe« seiner Pointe, daß also allein der Kritizismus Kants vor dem immer schon herrschenden Intellektualismus retten könne, in diesem wesentlich kantfeindlichen Debattenumfeld doch einigen Respekt ab.

Sichtlich getragener gibt sich da schon sein zweiter Beitrag, der im Kontext der kleinen, von Marianne Webers »Lebensbild« ausgelösten Weber-Renaissance[44] den Fokus wieder mehr auf Weber und sein Wissenschaftsideal richtet, das, so Rickert, doch zu so einigen »Mißverständnissen« Anlaß gegeben habe.[45] Denn Weber sei zwar immer ein Mann der »alten Wissenschaft« gewesen, der unbeirrbar am Wert der Wahrheit als Voraussetzung und an der Klarheit als Ziel aller Wissenschaft festgehalten habe, doch habe er dieser Auffassung gerade in seinem Vortrag über »Wissenschaft als Beruf« einen etwas zu »schroffen« Ausdruck verliehen, so daß bei aller berechtigten Kritik an den gegenwärtigen »Modetorheiten« nicht nur bei den »Aestheten aus dem ›Kreise‹«, sondern auch bei Männern wie Ernst Troeltsch der »erschreckende Eindruck« entstehen mußte, wissenschaftliche

Arbeit sei eine doch »allzu ›graue‹ Theorie«.[46] Die Ursache für diesen Eindruck und die heftigen Widersprüche, die sich an ihm entzündeten, habe für Rickert dabei gar nicht so sehr in der »pädagogischen Absicht« gelegen, die Weber geleitet haben mochte, als er vor seinem jungen Publikum statt der neuen Götzen der Wissenschaft eine vielleicht »zu entsagungsvolle und zu freudlose« Arbeit pries, war doch dieser »Ton der Resignation« auch seinen übrigen Darlegungen über Methoden und Wesen der Wissenschaft oftmals beigemischt.[47] Das weit »Bedenklichere« an seinem Vortrag sei vielmehr, daß Weber hier einen so »›ungeheuren‹ Gegensatz zwischen Vergangenheit und Gegenwart« aufmache und dadurch der falsche Eindruck entstünde, die heutige Wissenschaft, vor allem aber die moderne Philosophie habe mit der Platons gar nichts mehr gemein.[48] Tatsächlich aber habe sie die platonische Leidenschaft und *Mania* ebensowenig gegen bloßes »Pflichtbewußtsein« eingetauscht wie dessen ursprüngliche Ziele aus den Augen verloren. Denn sie mag zwar den Wahrheitsbegriff mittlerweile erkenntnistheoretisch anders bestimmen als Platon, aber »mit der nötigen Vorsicht« sei es ihr noch immer möglich, Klarheit über die »wahre« Natur und Kunst oder das »wahre« Sein und Glück zu erlangen und so nicht nur überhaupt den »Zauber des Lebens erst ins Bewußtsein zu heben«, sondern mit dieser Klarheit dem Leben des theoretischen Menschen auch Glück und Freude zu verschaffen.[49]

Wie in seinem ersten Beitrag zur Debatte nimmt sich Rickert also auch hier wieder der griechischen Philosophie an, um zu zeigen, daß der von den Kritikern behauptete Gegensatz von moderner Spezialforschung und allseitiger Bildung nach dem Vorbild der platonischen Akademie tatsächlich nur ein »Mißverständnis« ist, welches – auch diese Argumentationsfigur ist nicht neu[50] – letztlich sogar von Weber selbst ausgeräumt wird. Denn wie kaum jemand anderes zeige gerade Webers »Lebensbild«, daß die vermeintlichen Gegensätze von theoretischem und praktischem Menschen, die er selbst so streng zu scheiden gesucht habe, in der Einheit der Persönlichkeit aufgehoben werden könnten, daß also auch in der Hingabe an die moderne Wissenschaft der Zwiespalt von vita activa und vita contemplativa letztlich zu überwinden sei.[51] Bei Rickert ist die Antwortstrategie damit vergleichbar derjenigen Cohns und Troeltschs, auch wenn er sie vielleicht am pointiertesten vorgetragen haben mag. Wie die beiden anderen so lehnt auch er die »Zukunftsprogramme« der neuen Wissenschaft als überzogen und zudem gänzlich überflüssig ab, ohne dabei doch Webers Wissenschaftsideal zustimmen zu können, da auch für ihn dieses zu eng und vor allem zu resignativ sei und so einer echten »Lösung« der Krise eher im Weg stehe. Zu erwarten sei eine solche Lösung dagegen auch bei ihm nur von einer wissenschaftlichen Philosophie, deren Möglichkeiten er in Fragen der Persönlichkeitsbildung, der Wertbegründung und der Erkenntnistheorie ebenfalls sehr viel optimistischer beurteilt als Weber.

c.) Max Scheler und Webers »Ausschaltung der Philosophie«

Neben Troeltschs und Rickerts Beiträgen zur Debatte auch Max Schelers Kritik an Webers Vortrag als eine Antwort der alten Wissenschaft zu behandeln,[52] versteht sich nicht von selbst. Denn schließlich gehörte Scheler für Kahler noch zu den Wegbereitern der neuen Wissenschaft, und auch Troeltsch ließ ihn in seinem Gemälde der »geistigen Revolution« zwar einem anderen Dogma verpflichtet sein als die Georgeaner, doch daran, daß er mit diesen den Antiintellektualismus und die »revolutionäre Verachtung der bürgerlichen Wissenschaft« mitsamt ihren »modernen politisch-sozialen Bildungen« teilte, ließ auch er keinen Zweifel.[53] Trotz solch vermeintlicher Nähe Schelers zu den geistigen Revolutionären soll seine Antwort auf Weber hier dennoch als eine Antwort der alten Wissenschaft behandelt werden. Denn nicht nur sein Alter und seine mittlerweile sichere Stellung im akademischen Betrieb, sondern auch die Vorwürfe gegenüber Weber und vor allem die Überzeugung, daß jegliche Revolution gegen die über zwei Jahrtausende gewachsene Wissenschaft nur in einer sinnlosen »Groteske« enden könne,[54] sprechen dafür, Schelers Kritik als eine der alten Wissenschaft zu begreifen, selbst wenn sie nun von einem viel stärker wertgebundenen Standpunkt ausgeht und insofern nicht so defensiv zu argumentieren gezwungen ist wie etwa die der Neukantianer.

Daß sich Scheler, auch wenn er also nicht direkt in der »Schußlinie« Kahlers oder Kriecks stand, dennoch in die Debatte einschaltete, begründet er mit der hohen Bedeutung des Vortrages. Da diese durch die doch »sehr bemerkenswerte literarischen Diskussion«, die sich zwischen Kahler, Salz, Curtius und Troeltsch um ihn entsponnen habe, noch erhöht worden sei und zudem Gustav Radbruch sowie Karl Jaspers als Anhänger Webers[55] wenigstens ideell noch mit in den Kreis der Auseinandersetzung gehörten, sei dies Anlaß genug, an ihm den Gegensatz zwischen der eigenen »materialen Wertethik« und der von Weber vertretenen »nominalistischen Denkart« aufzuzeigen.[56] Den Kern dieses Gegensatzes bildet dabei das Verhältnis von Wissenschaft und Philosophie sowie deren Möglichkeiten zur Setzung von Weltanschauungen. Die Position Webers, daß Wissenschaft ihrem Wesen nach »mit setzender Weltanschauung *nichts* zu tun hat und haben *darf*«, ist dabei zunächst durchaus auch Schelers Meinung, und es ist für ihn gerade der »ganz tiefe Irrtum« in dem sonst der Grundtendenz nach doch »so tief berechtigten Buche Erich v. Kahlers«, daß dort genau dies bestritten werden solle.[57] Denn während *Wissenschaft* auch für Scheler von sich aus Vielheit, Unabgeschlossenheit und wertfreie Allgemeingültigkeit bedeute, sei *Weltanschauung* mit ihrer Forderung nach Einheit, Endgültigkeit und Absolutheit deren genaues Gegenteil und also bar jeder Möglichkeit wissenschaftlicher Begründung. Aus dieser Dualität von Sein und Wollen jedoch zu folgern, daß es überhaupt nur diese beiden Kategorien gebe, daß der Mensch also immer entweder »asketischer Fachforscher« *oder* »tanzender Derwisch« sein müsse, ohne daß eine mittlere Kategorie wie die der philosophischen »Weisheit« möglich sei, ist für Scheler der nominalistische Fehler Webers, an dem der Unterschied zwischen ihren Positionen deutlich werde.[58] Löse nämlich Webers neukantianische Beschränkung der Philosophie auf Erkenntnistheorie und formale Wissenschaftslehre die Philosophie selbst in bloß beschreibende »Weltanschauungslehre« auf und wirke so »für alle Geistesbildung gänzlich ruinös«, weil er suggeriere, daß man »für Weltanschauungen ›frei‹ ›optieren‹«

könne, Entscheidungen über sie also letztlich »jenseits von Wahr und Falsch« stünden, könne eine als »Wesenseidetik« oder »Wesensphänomenologie« verstandene Philosophie (wie die Schelers) aufgrund ihrer Erkenntnisse über die konstanten und absoluten Wesenheiten der Werte hier nicht nur zu begründeten Setzungen kommen, sondern müsse sogar aller Weltanschauungs*lehre* noch vorausgehen, weil sie durch die Ordnung der verschiedenen Anschauungsformen der Welt überhaupt erst deren »Wesensmöglichkeit« begründe.[59]

Auch ohne auf die von Scheler hier selbst nur angedeuteten Voraussetzungen seiner »materialen Wertethik« eingehen zu müssen, dürfte klar sein, daß gegenüber ihrem Anspruch auf Zugang zum Reich ewiger Werte und deren Ordnung die Beschränkung auf die formalen Voraussetzungen und die Beschreibung solchen »Wissens« tatsächlich wie eine »Ausschaltung der Philosophie« wirken konnte und also auch hier den Widerspruch provozieren mußte.[60] Daß man trotz solch »schroffem Nominalismus« bei Weber dennoch immer auch eine »fast weiblich schamhafte Schutzgeste vor dem Irrationalen und Nichtintelligiblen«, ja eine oft mysteriöse »Verliebtheit ins Irrationale *als* solches« diagnostizieren könne, ist für Scheler dabei nur die Rückseite dieser zutiefst rationalistischen Denkart, der mit der zuvor verabschiedeten Philosophie und Weisheit schlicht das Mittelglied zwischen Glauben und positiver Wissenschaft fehle und die daher, wie bei Weber zu sehen, beständig zwischen solch extremen Wertauffassungen schwanken müsse.[61] Aufgrund dieser inneren Spannung und der sich darin ausdrückenden Verdichtung nominalistischer Denkart bescheinigte Scheler dem Vortrag Webers also, das »erschütternde Dokument einer ganzen Zeit« zu sein, die, da gerade sie »leider die unsrige ist«, so dringend einer festen Wertordnung bedürfe.[62] Und vielleicht weil er selbst von der Möglichkeit einer solchen Ordnung fest überzeugt war, ihm der Nominalismus also für bereits überwunden galt, blieb es hier dann auch bei der bloßen Gegenüberstellung der Positionen.

d.) Wissenschaft *und* Bildung – die Vermittlungsversuche der geisteswissenschaftlichen Pädagogik

Daß Webers Vortrag und die Debatte, die sich vornehmlich an dessen zweitem Teil und seiner Bestimmung des Berufs der Wissenschaft entzündete, nicht nur im weiten philosophischen Milieu Heidelbergs ein breites Echo fand, sondern genauso von der Pädagogik aufgegriffen wurde, zeigte sich schon bei Ernst Krieck. Zwar gingen bei dem selbsternannten »Volkserzieher« die pädagogisch-bildenden Aspekte weitgehend in den politischen Absichten unter, doch daß es in dieser Hinsicht Anknüpfungspunkte für eine Rezeption des Vortrages durch die Pädagogik gab, wurde auch bei ihm deutlich. Denn das Spannungsfeld von Ausbildung, Beruf und Berufung, das Weber im erstem Teil seines Vortrages aufgriff, berührte ja die ureigensten Bereiche der Pädagogik, und auch die Auseinandersetzung mit dem Bildungswert der Wissenschaft oder mit den Aufgaben des Hochschullehrers und seinem Umgang mit den Hoffnungen der »Jugend« auf »Persönlichkeit« und »Erleben« betrafen Fragestellungen, die die pädagogische Bewegung, soweit sie sich auf die Hochschulen und die theoretische Begründung ihres eigenen Faches konzentrierte, aktuell zu beantworten suchte. Angesichts solcher Berührungspunkte sowie im Hinblick auf die revolutionäre Gegnerschaft, die dem Vortrag nicht zuletzt aus den eigenen Reihen erwachsen war, lag es also durchaus nahe, daß mit Theodor Litt und Eduard Spranger dann tatsächlich zwei der exponiertesten Vertreter einer solchen philosophischen oder »geisteswissenschaftlichen Pädagogik« in der Debatte das Wort ergriffen und ihrerseits auf Weber, Krieck und Kahler antworteten.[63] Auch wenn sie den Vortrag dabei in andere Kontexte tauchten als bisher und ihn etwa im Lichte der Hochschulreform, des sich unlängst formierenden »Dritten Humanismus« oder aber der alten Diskussion um die Werturteilsfreiheit behandelten, so waren die Stellungnahmen doch ähnlich den übrigen der »alten« Wissenschaft ebenfalls zunächst um die Abwehr der wissenschaftsfeindlichen Angriffe und sodann um einen Ausgleich mit der »Jugend« bemüht, den sie, auch das ist nicht unbekannt, vor allem mit einer philosophischen Durchdringung der bisherigen Wissenschaft zu erreichen hofften.

Theodor Litt über den Beruf der Universität

Der erste, der von den Pädagogen in diesem Sinne auf Weber reagierte, war Theodor Litt.[64] Vor dem Hintergrund der Diskussionen um die Hochschulreform[65] sowie angesichts der unter den Studenten insgesamt zur Disposition stehenden Wissenschaft griff Litt 1920 in einer Rede vor dem 2. deutschen Studententag ebenfalls das Problem des Berufsstudiums und des Berufs der Wissenschaft auf.[66] Seine Rede, die sich wenn nicht insgesamt wie ein Referat, so doch wie ein Co-Referat zu Webers Vortrag lesen läßt,[67] geht aus von der zugleich inneren und äußeren Not der Jugend auf der Universität. Diese Not ist für Litt Ausdruck der grundsätzlichen »Antinomie der akademischen Bildung«, die aufgrund der äußeren Notwendigkeiten sowie des humanistischen Ideals immer zugleich Bildung zum »Vollmenschen« *und* spezialistische Ausbildung in spezialisierten Fachgebieten sein müsse, die gegenwärtig beides aber nur ungenügend miteinander zu vereinen wisse.[68] Daß an beidem festzuhalten sei, daß also der akademische Bildungsgang nur in der Einheit beider Ziele verwirklicht werden könne, steht für Litt dabei außer Frage, schließlich sei weder der »Fachhomunkulus« noch der »über dem Leben schwebende Weltbetrachter« ein Führer auf dem Weg zu einem ganzen und erfüllten Leben.[69]

Wie ist diese Einheit dann aber zu erreichen? Allein aus »Erlebnis« und »Intuition«, wie es einige »Enthusiasten« fordern, entstehe sie nach Litt jedenfalls nicht.[70] Denn einmal lehre ja ein Blick auf die gegenwärtige Forschung, daß beides dort in der Gestalt des »Einfalls« schon immer seinen festen Platz hatte, und zum anderen könne die ungeformte Intuition, wie sie die »Propheten des Erlebnisses« als Rückweg zum verlorenen Ganzen des Lebens propagierten, kaum mehr sein als ein »nebelhaft-chaotisches Wogen«, keinesfalls aber bereits eine fertige Weltanschauung, bedürfe diese doch immer noch äußeren und inneren

Durchformung. Leben und Geist, spezialistisches Arbeiten und aufs Ganze gehende Betrachtung gehören für Litt also immer zusammen und müßten daher auch in der Praxis von Wissenschaft und Universität gleichermaßen berücksichtigt werden. Ein richtiger und erster Schritt in diese Richtung wäre für ihn dabei die Reduzierung des toten und oft nur zu »ochsenden« Wissensstoffes, damit Raum geschaffen würde für diejenigen Studien, die unmittelbar der studentischen »Gesamtanschauung« dienten.[71] Doch betreffe dies nur die eine Seite des Problems, dem auch mit der Einführung allgemeinbildender oder »humanistischer Fakultäten«, wie sie damals breit diskutiert wurden, noch nicht abgeholfen wäre, da diese ebenfalls nur »Aggregate von Wissensstoffen fachlicher Art« präsentieren würden und so kaum zur erhofften Gesamtanschauung führten.[72] Wichtiger sei für Litt vielmehr, daß es gelänge, wieder den »*einen* zentralen Gedanken« oder die eine, alles erschließende Fragestellung zu finden – eine Aufgabe, die aber »jetzt wie stets, einzig und allein die *Philosophie*« zu lösen vermöge.[73]

Auch bei Litt ist es also wieder das Vertrauen auf die Philosophie, genauer auf eine Kulturphilosophie, die die Mitte hält zwischen resignierter Erkenntniskritik und überkühner Spekulation, von der zwar nicht die Überwindung der modernen Zersplitterung, wohl aber deren Aufhebung auf einer höheren Stufe erwartet wird.[74] Doch nicht nur auf der Ebene der Kultur, auch für die individuelle Bildung könne diese Philosophie nach Litt etwas leisten. Denn indem sie den einheitlichen »Lebensgrund« in allen kulturellen Gegensätzen aufdecke, könne sie dem Einzelnen nicht nur *Einsicht* in das Getriebe der Welt verschaffen, sondern ihm auch zu »*Klarheit* und Sicherheit« über die eigenen Antriebe und Gesinnungen verhelfen sowie die »*gedanklichen Mittel*« zur Klärung der erstrebten »Erlebnisgehalte« an die Hand geben.[75] Dies mag in den Augen der »Neuerer«, die auf eine Neugeburt der Universität aus Erlebnis, Persönlichkeit oder Gemeinschaft hinauswollten, zwar als wenig erscheinen, doch sei dies nach Litt allemal besser, als daß sich die Universität in ein »staatliches Seelsorgeinstitut« verwandeln würde, in dem Geist und Leben »programmmäßig produziert« werden sollen.[76]

Was hier nach einem in dieser Form und an dieser Stelle sicher einmaligen Weberreferat klingt, will von Litt dabei tatsächlich auch so verstanden werden. Denn mit nur einer Einschränkung sollten die Aufgaben, die Weber der Wissenschaft in seinem Vortrag zugewiesen hatte, doch genau dem entsprechen, was auch eine »Philosophie der Kulturwerte«, wie sie Litt vorschwebte, zu leisten hätte.[77] Allein das »jetzt so beliebte ›Alles oder Nichts!‹«, das den Enthusiasten bei der Ablehnung ihres »Lieblingswunsches« nicht zuletzt von Weber entgegengehalten werde und das der Universität »jede über ein rein fachwissenschaftliches Streben hinausgehende Wegbereitung« versagen möchte,[78] ist Litt dann doch zu konsequent, vor allem aber zu weit entfernt vom klassischen Ideal universitärer Bildung. Denn hier, so Litts Einwand, könne doch gerade die Philosophie bzw. eine philosophische Durchdringung der einzelnen Fachgebiete auf eine Theorie hinarbeiten, die, auch ohne ihren wissenschaftlichen Charakter verlieren zu müssen, das »Lebensganze« umfaßt und dessen »Lebensantriebe« zu klären und zu sichern verhilft. Eine Theorie freilich, die die »Feuerprobe der gedanklichen Rechtfertigung« im Sinne Webers nicht zu scheuen brauche und die doch zugleich all die normativen »Leitgedanken« beinhalte, die der deutschen Bildungsidee von Herder, Humboldt und Fichte aufgegeben seien.[79]

Sieht man einmal von letzterem Bildungsidealismus ab, so ist Litts Vortrag unter den Texten der Debatte vielleicht derjenige, der Weber bis in die Formulierungen hinein am weitesten entgegengekommen ist. Dies ist um so erstaunlicher, als Litt einige Jahre später den »›Revolutionären‹ der Wissenschaft« ausdrücklich in ihrer Bekämpfung der Thesen Webers beipflichten wird und dort lediglich monieren sollte, daß sie dabei wiederum viel zu weit gegangen seien.[80] Berücksichtigt man jedoch die ähnliche Ausgangsposition der beiden Vorträge, die ja vergleichbaren Erwartungshaltungen der Studenten begegnen mußten[81] und so zu nicht geringem Teil auch pädagogische Absichten verfolgten, dann wird dieser »Webersche« Zug durchaus verständlich, zumal Litt in dieser Phase seines Denkens überhaupt eher ein nüchternes Bild vom Lehrer in Schule und Hochschule vertrat,[82] Webers Invektiven gegen übertriebenen

Persönlichkeitskult also durchaus in sein pädagogisches Konzept paßten, ohne schon durch die werttheoretischen Differenzen überlagert zu werden, die Litt im Anschluß an Spranger später mehr betonen wird.

Eduard Spranger: Objektivität und Humanismus

Zeigte sich nun bei Litt unter dem Eindruck der bedrängten Wissenschaft eine doch eher unerwartete Allianz der Pädagogik mit den Thesen Webers, so war dies zumindest in solcher Deutlichkeit bei der Auseinandersetzung Eduard Sprangers mit »Wissenschaft als Beruf« nicht zu erwarten. Denn obwohl Spranger die »Revolution der Wissenschaft« gerade auch in ihrer politisch-pädagogischen Gestalt bei Ernst Krieck heftig bekämpfte,[83] blieb ihm Weber doch der Opponent auf der entgegengesetzten Seite, dem er schon im Werturteilsstreit des Vereins für Sozialpolitik widersprochen hatte und dessen Auffassung er zwar nicht wie bei Krieck für die Wissenschaft, dafür aber für die »weltanschauliche Festigung« der Jugend als »verhängnisvoll« betrachtete.[84] Sprangers Beiträge zur Debatte um Webers Vortrag sind denn auch stets darum bemüht, eine Position zu beschreiben, die zwischen Pragmatismus und Positivismus, also zwischen Krieck und Weber steht und von der aus sowohl an der Norm wissenschaftlicher Objektivität wie an den überkommenen humanistischen Bildungsidealen festgehalten werden kann.[85]

Wie eine solche Verbindung auszusehen könnte, zeigt Spranger schon 1921 in seiner ersten Stellungnahme im Hochschulblatt der Frankfurter Zeitung.[86] In diesem Artikel zum, wie es bei ihm heißt, »nachgerade berühmt gewordenen Thema: ›Wissenschaft als Beruf‹« bemüht er sich darum, einen Ausgleich herzustellen zwischen dem, was der Hochschullehrer qua Profession seinen Studenten geben könne, und dem, was die neue Generation, die ja auch nicht einfach ignoriert werden dürfe, über Wahrheit und Objektivität hinaus von ihm verlange. Wenn also Wissenschaft, wie dabei gefordert, wieder aus den »Angelegenheiten des Lebens« entstehen und zur Persönlichkeit führen solle, dann müsse sie einem dreiteiligen Rhythmus folgen, der auch den späteren

Beiträgen Sprangers zugrundegelegt sein wird. Ausgehen müsse diese Bewegung stets von einem aufblitzenden »Urerlebnis« persönlicher oder wissenschaftlicher Art, das den Hochschullehrer als Problem packen und regelrecht in Schmerz oder Staunen versetzen solle. Ist so erst ein aus dem Leben kommendes Problem entstanden, müsse es dann streng unter das »Gesetz der Wissenschaft« gestellt und dort allein nach deren Maßstäben behandelt werden, hieße doch, andere Wege des Schauens, Glaubens oder Einfühlens zu gehen, einer Illusion zu folgen und – was das eigentliche Argument zu sein scheint – die »entsagungsvolle Arbeit von Generationen achtlos [zu] vernichten«. Wohl um diese Tradition nicht zu gefährden, der Spranger andernorts die wichtigste Orientierungsleistung für die Moderne zusprechen sollte,[87] sei es daher die primäre Aufgabe der Universität, »das ganze Lebensbewußtsein von dem Objektivitätsgeist der Wissenschaft umzubilden« und den Menschen einzig auf diese Weise zu formen. Erst in einem dritten Schritt, so Spranger, werde dann »irgendwann« die mitgebrachte Individualität des Studenten auch als Persönlichkeit aus dem »Bade der Wissenschaft« emportauchen, doch dürfe solche mittelbar auch auf die Gesellschaft wirkende Charakterbildung immer nur ein sekundäres, niemals aber wie bei Krieck das primäre Ziel der Universität sein, da sonst die Wahrheit anderen Kriterien geopfert und die eigentliche Aufgabe der Universität gefährdet würde.

Obwohl der Unterschied zwischen diesem Glauben an die »lebendige Kraft der Wahrheit«, d. h. eigentlich an die bildende Kraft spezialwissenschaftlicher Arbeit, und Webers Überlegungen zu den selbstreflexiven Leistungen der Wissenschaft *im Ergebnis* denkbar gering ist und auch durch die anschließende Ablehnung der Massenuniversität eher noch kleiner wird,[88] besteht Spranger doch darauf, sich nicht nur von Krieck, sondern ebenfalls vom bloß »registrierenden Positivismus« Webers zu unterscheiden. Auch wenn es hierzu sachlich kaum einen Grund geben mag außer vielleicht demjenigen, daß Spranger die Bildungsmöglichkeiten durch die Universität wesentlich optimistischer beurteilt als jener und auch die bindende Kraft der Tradition mehr hervorhebt, so hält er hier und auch sonst das zutiefst positivistische Weberbild aufrecht, das er sich in der

Werturteilsdiskussion gebildet hatte und vor dem allein seine eigene Position als vermittelnde erscheint.[89] Auch in seinem zweiten Beitrag zu »Wissenschaft als Beruf« argumentiert er daher ähnlich und greift seine alte Position noch einmal auf.[90] Denn obschon er den Ausführungen Webers nun »zum großen Teil zustimmen« könne und allenfalls eine »leise Wehmut« verspüre angesichts der darin langsam verblassenden Bildungsideale Fichtes, Humboldts oder Hegels, könne er sie doch nicht das letzte Wort sein lassen, wenngleich sie natürlich immer noch besser seien als der »pädagogische Pragmatismus« Kriecks oder die Haltung Kahlers.[91] Während nämlich bei diesen beiden schon nicht mehr der Wahrheit, sondern bereits ganz anderen »Bedürfnissen« des Lebens gedient würde, liege auf der anderen Seite der Fehler Webers in der Annahme, die Wissenschaften und speziell die Geisteswissenschaften könnten ganz und gar auf Wertungen und somit auf eine ausgebaute Werttheorie verzichten. Denn selbst Webers Forderungen, etwa die innere Konsequenz einer ethischen Haltung zu verfolgen oder unbequeme Tatsachen anerkennen zu lernen, zeigten ja, daß man zuvor wenigstens schon das Urteil gefällt haben müsse, daß auch Tatsachenwissen fähig sei, die Wertstrukturen seines Betrachters zu verändern.[92] Mit wem auch immer man diesen nun wirklich übertrieben Wertfreiheits-»Popanz« in Verbindung bringen soll – Weber jedenfalls hat eine solche Position nie vertreten, würde eine solche auf jedes Axiom verzichtende Haltung Wissenschaft doch überhaupt unmöglich machen –, für die Begründung von Sprangers Position von der Zulässigkeit von »Werturteilen *aufgrund* von Wissenschaft«, also auf Grundlage eines »objektiv gestimmten, geläuterten und vertieften Bewußtseins«,[93] ist er jedenfalls überflüssig und hat offensichtlich wieder nur die Funktion, die eigene Haltung als eine ausgleichende und vermittelnde zwischen Krieck und Weber zu profilieren.

Daß Spranger an dieser Konstellation auch noch einige Jahre später festhalten wird, zeigt schließlich seine Akademierede von 1929. Auch wenn sich hier die »Gesamtlage des Geistes« bereits weitgehend auf die Seite derer geneigt habe, die Weltanschauungen wesensmäßig zur Grundlage der Geisteswissenschaften machen wollten, so markiere für Spranger hier das andere Extrem doch immer noch Webers »beunruhigender« Vortrag, in dem die »kantisierend-positivistische Wissenschaftsauffassung einer älteren Generation« zuletzt noch einmal scharf zusammen gefaßt worden sei.[94] Zwischen diesen beiden Positionen zu vermitteln, ist dann auch immer noch Sprangers Anliegen, auch wenn der Fokus nun weniger auf den Möglichkeiten der Pädagogik als vielmehr auf der Einheit der Wissenschaften überhaupt liegt. Seine Hoffnung, daß diese Einheit durch eine »Wissenschaft zweiter Potenz«, also eine philosophische Metawissenschaft gewährleistet werden könnte, die einerseits am Wahrheits- und Objektivitätsideal festhalte, zugleich aber durch ihre *Besinnung* auf die Grundlagen wissenschaftlicher Arbeit auch zum »Aufbau der *Gesinnung*« beitragen könne, klingt jedoch angesichts der überlauten Forderungen nach Weltanschauungsprofessuren und -hochschulen, gegen die er die Universitäten mit einer solchen Wissenschaft immunisieren wollte, tatsächlich nur noch wie ein Rückzugsgefecht, ist doch, wie er selbst einräumt, mit der fehlenden »Selbstverständlichkeit einer Geltung einer reinen Wissenschaftsidee« die Vorraussetzung seiner eigenen Haltung kaum mehr gegeben.[95] Spranger, der mit dieser Voraussetzung in den früheren Beiträgen noch die Orientierungsleistung der »historischen Kulturgipfel«, also der humanistischen Tradition verband,[96] konstatiert hier also nur noch die Krise und sucht wie zuvor die Neukantianer das Heil in der Theorie. Daß dies eine letztlich fatale Konsequenz war, da auch er so faktisch auf die resignative Haltung einschwenkt, die der alten Wissenschaft vorgeworfen wurde, wird sich dann nur wenig später in der »kämpfenden Wissenschaft« zeigen, die beides, also sowohl das vermeintlich positivistische Objektivitätsideal als auch die humanistische Tradition zugunsten neuer Dogmen verwerfen wird.

6. Epilog einer Debatte – Die »kämpfende Wissenschaft«

Für wohl die meisten kulturellen und philosophischen Debatten, die sich im Deutschland der 1920er Jahre entsponnen hatten, bedeutete das Datum 1933 eine tiefe Zäsur, wenn nicht überhaupt deren Ende. Bei der Debatte um »Wissenschaft als Beruf« liegt die Sache dagegen etwas anders. Da die »heiße Phase« der Auseinandersetzung zwischen »alter« und »neuer« Wissenschaft bereits etwas über zehn Jahre zurück lag und bis auf einige wenige »Scharmützel« zwischen Spranger und Krieck nur noch schwache und zumeist historisierende Reflexe zeitigte,[1] konnte die Debatte Anfang der 30er Jahre eigentlich als verebbt gelten, auch wenn die dort verhandelten Fragen nach dem Verhältnis von Wissenschaft, Leben und Weltanschauung natürlich noch lange nicht »entschieden« waren.[2] Während aber der Vortrag selbst langsam aus dem Blick der intellektuellen Öffentlichkeit verschwand, stieg zugleich das Interesse an der *Figur* Max Webers, wie sie vor allem durch Marianne Webers »Lebensbild« geprägt wurde, enorm an. Gerade das Widersprüchliche in seiner Person, das beinahe tragische Ringen zwischen Politik und Wissenschaft und das dennoch heroische Festhalten an der Trennung beider Sphären faszinierten weiter das Publikum und ließen Weber regelrecht zum »Typus« der Jahrhundertwende,[3] vor allem aber zum letzten großen Repräsentanten des Liberalismus und seiner Wissenschaftsidee werden, an dem es sich entweder zu orientieren[4] oder aber von dessen Widersprüchlichkeit es sich abzusetzen galt.[5]

Als nun um 1933 mit der »nationalsozialistischen Revolution« auch die »Revolution der Wissenschaft« mit ihrer dezidiert antiliberalistischen Stoßrichtung wieder aufgegriffen wurde,[6] lag es angesichts der weiter anhaltenden Auseinandersetzung mit Weber also nahe, dessen selbst zu einer Art Idealtypus geronnene Figur wiederum als Gegenbild zu nutzen, um an ihr die Notwendigkeit einer neuen, nämlich einer »kämpfenden Wissenschaft« zu beweisen.[7] Wenn im folgenden daher auch noch die Versuche Ernst Kriecks, Walter Franks, Christoph Stedings und Hans Rößners geschildert werden, diese neue Wissenschaft durch eine (oft genug ambivalente) Abgrenzung gegenüber Weber zu begründen, so können diese Beiträge trotz einiger tatsächlich vorhandener Kontinuitäten zwar nicht mehr unbedingt als Teil der ursprünglichen Debatte betrachtet werden, wohl aber als deren (trauriger) Epilog, in dem die aufgeworfenen Streitpunkte kraft veränderter Machtverhältnisse schlicht »entschieden« wurden.[8]

Am augenfälligsten ist die Kontinuität zwischen ursprünglicher Debatte und nun wieder aufgegriffener Auseinandersetzung mit Weber sicher noch bei Ernst Krieck. Seine wiederholten Angriffe auf das liberale Bildungs- und Wissenschaftssystem, bei denen er sich wechselseitig als von den akademischen Eliten mißachteter Volksschullehrer oder als der neue Philosoph des »Dritten Reiches« verstand, benutzten Weber und dessen Forderung nach wertfreier Wissenschaft weiter als den zentralen Bezugspunkt, von dem sich die neue Wissenschaft unterscheiden müsse.[9] Zwar wurde Weber bei Krieck – wie bei Frank, Steding, Rößner und wie im Dritten Reich überhaupt – keineswegs zu einer persona non grata,[10] doch daran, daß er bei aller zuerkannten Größe eben der *letzte* »Heros des Liberalismus« war und seine Niederlage das »Ende eines ablaufenden Zeitalters« und damit einer vergangen »Wissenschaftsideologie« bedeutete, bestand für ihn kein Zweifel.[11] Mochte diese Niederlage während des »Kampfes um die Wissenschaft« im »Zwischenreich von Weltkrieg und nationalsozialistischer Revolution« noch undeutlich gewesen sein, spätestens jetzt, wo das neue Prinzip der »völkisch-politischen Lebensganzheit« zum Durchbruch gekommen ist und auch die Wissenschaft voll ergriffen hat, sei sie endlich Gewißheit.[12] Im Gegensatz zur vergangenen Wissenschaftslehre, an der Krieck wie schon in seinen früheren Beiträgen die Passivität sowie die Unfähigkeit zur Bildung von Gemeinschaft und Weltanschauung kritisiert,[13] empfange die deutsche Wissenschaft nun nämlich ihre Aufgaben und ihren Sinn aus dem »Volksganzen« und gewinne durch dessen Auserwähltheit und Berufung auch wieder einen »neuen Rang der Vorbildlichkeit und Führung unter den Völkern«.[14] Was das bei Krieck und dann auch bei Frank und dessen »Reichsinstitut für Geschichte des neuen Deutschlands« konkret heißen wird, beschreibt Krieck ganz unumwunden: Da Vernunft, Wahrheit und Methode nur mehr »aufgehobene Momente« im »völkisch-politischen Lebensganzen« seien und so (endlich) kein fruchtloses Eigenleben mehr führen müßten, könne auch die Wissenschaft nicht mehr von einer »unabhängigen, jederzeit und überall gültigen Wahrerkenntnis« leben, sondern habe »gemäß der Weltanschauung eine völkische und zeitliche, durch Rasse, Charakter und Schicksal aufgegebene Wahrheit *auf Form* [zu bringen]«.[15] Das aber bedeutet in der Konsequenz nichts anderes, als daß die Aufgaben der Wissenschaft im wesentlichen darauf beschränkt werden sollen, der gesetzten Weltanschauung ein (pseudo-)wissenschaftliches Gewand zu verleihen.

Diese Reduzierung von Wissenschaft auf »Kampfmittel« im Dienste einer Weltanschauung findet sich so dann auch und vor allem bei Walter Frank, in dessen Reichsinstitut Krieck ja nicht zufällig eines der wenigen Ehrenmitglieder war. Selbst wenn Frank als neuer »Reichsgeschichtsschreiber« inhaltlich kaum mehr etwas produzierte, so stammte von ihm doch das zugkräftige Schlagwort von der »kämpfenden Wissenschaft«, das er in seinen mehr oder weniger programmatischen Reden mit kriegerischem Vokabular nur so unterfütterte.[16] Wissenschaft findet bei ihm im Militärlager statt: »Erkennend kämpfen und kämpfend erkennen, und im Erkennen und Kämpfen die Seele der Nation zu formen« – das ist das Credo in Franks neuer Wissenschaft, die sich von allen liberalen und humanistischen Wissenschaftsidealen gleichsam mit Marschmusik verabschiedet, um neben der politischen auch noch eine »geistige Front« zu eröffnen, an der ebenso gegen »gesinnungstüchtige Un- und Halbbildung« wie gegen »gesinnungslose Bildung« gekämpft werden soll.[17] Die Rolle, die Weber in diesem Kampf spielt, ist dabei nur schwer zu durchdringen. Das liegt einmal an den eher spärlichen Publikationen Franks, vor allem aber an der undurchsichtigen Haltung des von ihm hofierten und zu einem Ebenbild Webers stilisierten Christoph Steding.[18] In seiner Dissertation wollte Steding nämlich Weber und die mit ihm »versinkende Welt« einerseits von innen heraus »destruieren«, andererseits sollte dies aber auch der »notwendigen Aussöhnung« mit dem Liberalismus dienen, der dadurch, daß er noch einmal »einen solch einzigartigen Mann wie Max Weber aus sich herauszusetzen« vermochte, bis in die Gegenwart »in weitem Umfange ›gerechtfertigt‹« sei.[19] Hatte Krieck wenigstens noch klar zwischen Webers Leben und seiner Wissenschaftslehre unterschieden, um die Lehre der vorbildlichen Persönlichkeit opfern zu können, so ist die Absicht Stedings und Franks einfach nur unklar. Immerhin scheint es, als versuchten sie wie ein Großteil der Reichssoziologie überhaupt, den »ganzen« Weber für sich zu reklamieren, indem sie dessen liberale Seite zugunsten der (sicher ebenso vorhandenen) nationalistischen vergessen machten und ihn dabei sogar noch zu einem Vorläufer der neuen »politischen Wissenschaft« erhoben.[20] Bei aller verstiegenen Krudit判ät solcher Vereinahmungen, festzuhalten bleibt doch, daß Weber auch hier einer der zentralen Reibungspunkte der alten Wissenschaft bleibt, zu dem sich auch eine »kämpfende Wissenschaft« wenigstens verhalten muß.

Etwas klarer und wieder mehr auf der Linie Kriecks ist schließlich die Auseinandersetzung Hans Rößners mit Weber und der Debatte, die dessen Vortrag bei den Georgeanern ausgelöst hatte.[21] Rößner, der erst beim SD arbeitete und dann seinem späteren germanistischen Doktorvater Obenauer nach Bonn folgte, um dort die Aberkennung der Ehrendoktorwürde Thomas Manns voranzutreiben, hatte sich in seiner Dissertation des George-Kreises angenommen, da von diesem in seinen Augen »eine gefährliche Bedrohung der völkisch-politisch verantwortlichen Wissenschaft« ausgehe und hier deshalb eine »kompromißlose Entscheidung« zur weltanschaulichen Neuordnung der Literaturwissenschaft beitragen könne.[22] Das Gefährlich am Kreis sei nämlich, daß dieser zwar mit seinem Programm einer »lebensbezogenen, erzieherisch-bildnerischen

Wissenschaft« in Vielem der neuen »völkischen Literaturwissenschaft« ähnlich sei, daß aber durch die »Verjudung des Kreises« gerade diese Ähnlichkeiten besonders »zersetzend« und gefährlich wirken müssten.[23] Im Zusammenhang nun der Untersuchung der wissenschaftlichen Grundlagen des Kreises, an denen Rößner das vermeintlich »Zersetzende« aufweisen will, setzt er sich auch mit der Debatte um den »Beruf der Wissenschaft« auseinander und steht hier vor dem offenkundigen Dilemma, einerseits Weber nicht zustimmen zu wollen, den Georgeanern aber aufgrund der »Rassenfrage« nicht zustimmen zu können. Denn für Rößner war Webers Position zwar ehrbar in ihrer »intellektuellen Rechtschaffenheit«, doch in der Ablehnung jeder Beziehung zum Leben, wie sie sich gerade in »Wissenschaft als Beruf« ausdrücke, stand ihm diese Haltung gänzlich auf »verlorenem Posten«.[24] Dies habe der Kreis dann ja auch zu Recht kritisiert, weshalb dessen Wissenschaftsauffassung der völkischen Literaturwissenschaft scheinbar so viel näher stehe als die Webers. Dennoch seien für Rößner die Grundlagen *beider* Wissenschaftstheorien längst »nicht mehr die unseren«.[25] Schließlich stehe im Mittelpunkt der neuen »völkischen« Wissenschaft, wie er sie am Schluß seines Buches für die Germanistik entwirft, allein die Frage nach dem sprachlichen Niederschlag »rassenbiologischer Tatsachen« und da sei es eben die große »Tragik in der geistigen Erscheinung Georges«, daß trotz des ursprünglich »volkhaften Anspruchs« seines Werkes und der sich darauf aufbauenden Lehre vom Verhältnis von Wissenschaft und Kunst »ein so fanatischer Gefolgschaftsglaube gerade im modernen Judentum sich entwickeln konnte«.[26] Die »neue« Wissenschaft der Georgeaner, so also die reichlich verstiegene »Begründung« Rößners, müsse deshalb abgelehnt werden, weil ihr so »viele« Juden gefolgt seien – und wenn die völkische Wissenschaft im Ergebnis vielfach doch zu den gleichen Grundsätzen kommen sollte, was nach Rößner recht wahrscheinlich ist, so seien diese dann wenigstens »rassisch« einwandfrei und erst insofern auch »wahr«.

Das treffende Urteil Herbert Hömigs, daß die Entwicklung einer spezifisch nationalsozialistischen Geschichtsauffassung ein »beinahe vollständiges Fiasko« wurde,[27] kann angesichts dieses letzten Versuchs Rößners sicher bedenkenlos auch auf die anderen hier geschilderten »neuen« Wissenschaften aus völkisch-politischem Geist übertragen werden. Mit dem Niveau, aber auch mit den Fragen der ursprünglichen Debatte hatten solche Konstruktionen so kaum noch etwas gemein. Und doch sind sie ohne die vorangegangene Debatte, in der das wissenschaftliche Denken erstmals seit Nietzsche – um in Franks Diktion zu bleiben – auf breiter Linie »sturmreif« geschossen wurde, kaum vorstellbar. Denn es gab zwar abgesehen von denen, die sich in unverfängliche Randgebiete ihrer Wissenschaften flüchteten, weiter auch die Vertreter des alten, vorwiegend positivistischen Wissenschaftsideals, die dieses in den Grenzen ihrer Möglichkeiten auch weiter verteidigten, doch waren dies meist die älteren Vertreter ihres Faches.[28] Die neue »Generation des Unbedingten« aber,[29] die nach 1933 zu den gesellschaftlichen und wissenschaftlichen Eliten aufstieg und zu denen eben auch Rößner, Frank und trotz seines frühen Todes auch Steding gehörten, hatte ihre Sozialisation nicht nur durch den Krieg, sondern auf akademischem Gebiet vor allem durch die ubiquitär verhandelte Wissenschaftskrise und die zahlreichen Debatten zu deren Überwindung erhalten. Angesichts des dort ausgerufenen Bankrotts der alten Ideale wertfreier, selbstgenügsamer oder humanistischer Bildung und Wissenschaft ist es daher durchaus nachvollziehbar, daß sie dazu neigen konnten, die in der Debatte verhandelten Probleme einfach im Sinne eines neuen, nun nationalsozialistischen Dogmas entscheiden zu wollen.

Daß damit jedoch das von Weber aufgegriffene und in der Debatte zugespitzte Problem der Begründung des Berufs der Wissenschaft keineswegs als geklärt gelten konnte, ja daß dadurch vielmehr noch der letzte Ruf der Wissenschaft selbst aufs Spiel gesetzt wurde, ist eine Konsequenz, die auch in dieser jungen Wissenschaftlergeneration erkannt und unter Bezugname auf Webers Vortrag auch mehr oder weniger offen kritisiert wurde. Neben Heinrich Lützelers Abschiedsvortrag »Vom Beruf des Hochschullehrers«, den dieser 1940 kurz nach Erteilung eines Lehrverbotes vor seinen Bonner Studenten hielt und in dem er durchaus in Anlehnung an die Weimarer Debatte und gegen die vielen geistlosen Wissenschaftler seiner Zeit gerichtet den Beruf der Universitäten als »Stätten der geistigen Menschwerdung« beschrieb,[30] ist hier vor allem ein Aufsatz Hans-Georg Gadamers aus dem Jahre 1943 zu nennen, in dem dieser den Vortrag Webers zum Anlaß nimmt, an ihm die Wirklichkeit des nationalsozialistischen Wissenschaftsbetriebes zu überprüfen.[31]

Ausgehend vom zugleich anziehenden wie abstoßenden Eindruck, den das wissenschaftliche Ethos des Weberschen Vortrages bei der damaligen Jugend und, wie gesehen, auch in der hier untersuchten Debatte ausgelöst hatte, untersucht Gadamer die Attraktivität der gegenwärtigen Wissenschaft für die neue, »äußerlich wie innerlich durch die nationalsozialistische Schule gegangene« Jugend. Sein Fazit ist dabei ernüchternd: Gegenüber den möglichen Karrieren in Wehrmacht und Wirtschaft sei »Rang und Ansehen der Wissenschaft und derer, die ihr ihr Leben widmen, [...] im öffentlichen Bewußtsein stark gesunken.« Auch das von Weber vorhergesagte »Schicksal der ›Bürokratisierung‹« habe sich vollends bestätigt: »Wissenschaft als Beruf ist in unserem heutigen, sozial und ökonomisch durchorganisierten Gemeinwesen durch keine sozialen oder ökonomischen Prämien angemessen auszuzeichnen,« weshalb nicht mehr die Besten, sondern nur noch diejenigen in den Wissenschaftsbetrieb einrückten, denen die dortigen Prämien genug Anreize böten. Die Leistungsfähigkeit bürokratischer Organisation mag diesen Umstand zwar für einige Zeit überdecken können, doch zu erkennen, daß wissenschaftliche Produktivität langfristig anderen Gesetzen folgt und daher der »wirklich produktiven Naturen« eher bedarf als eben Wehrmacht oder Wirtschaft, ist für Gadamer von geradezu »epochaler Bedeutung für die Zukunft der abendländischen Kultur.« Nicht weitere Prämien also und schon gar nicht die »heute üblich gewordene[n]« Verweise auf den »völkischen Nutzwert« wissenschaftlicher Erkenntnis vermögen daher die Wissenschaft auszuzeichnen und in ihrem Ruf zu rehabilitieren, sondern nur diese selbst, sofern sie wieder »ursprünglich und schöpferisch« wird.

Was Gadamer dann unter diesen beiden Schlagworten als einzig möglichen Beruf der Wissenschaft in ihrer Zeit skizziert, scheint ganz dem Geiste des Weberschen Vortrages entsprungen und ist weit davon entfernt, den Nationalsozialismus an seiner

»inneren Front« konsolidieren zu wollen.[32] Abgesehen schon von der den ganzen Text durchziehenden Kritik am materialistischen Utilitätsdenken derjenigen, die von der nationalsozialistischen Schulbildung geprägt wurden, meine die Rückkehr zur *Ursprünglichkeit* nämlich, daß Wissenschaft von der »ursprünglichen Leidenschaft des Menschen«, d.h. von dessen »Wissenwollen«, ausgehen müsse, was für Gadamer unter Verweis auf das Diktum Webers vom Ertragen »unbequemer Tatsachen« auch und vor allem bedeute, »gegen die herrschende Meinung, ja gegen die eigene Vormeinung denken zu können.« *Schöpferisch* sei Wissenschaft dabei, wenn sie die Wissenswürdigkeit ihrer Gegenstände sichtbar zu machen in der Lage ist, wenn sie also wirklich philosophisch werde und die Probleme der Wissenschaft auf die ursprünglichen Fragen des Menschen zurückzuführen wisse. Für den täglichen Erkenntnisfortschritt der Wissenschaft, d.h. dort, wo es darum geht, »im Betrieb der Wissenschaft seinen Mann zu stehen«, mag solches zwar unbedeutend sein, für den Einzelnen jedoch, gleich ob er erst für die Wissenschaft gewonnen werden soll oder sich dort wieder seines eigenen Tuns vergewissern will, seien die dadurch ausgelösten »Frageantriebe« nun einmal die einzige und sicher nicht die schlechteste »Überredungskunst«, die Wissenschaft seit je her bieten könne.

Der Besinnung auf den ursprünglichen »Ruf und Beruf der Wissenschaft«, der nicht zuletzt durch Autoren wie Krieck oder Frank nachhaltig beschädigt wurde, gilt hier also Gadamers Auseinandersetzung mit Webers Vortrag. Als Beispiel für das auch kritische Potential, das die positive Anknüpfung an »Wissenschaft als Beruf« in der Zeit nach 1933 haben konnte, mag dieser Beitrag dabei zwar singulär geblieben sein, doch als kleines Aufleuchten im konzeptionellen Dunkel der »kämpfenden Wissenschaft« sei es gestattet, ihn am Ende dieses Epilogs stehen zu lassen.

7. Fazit

Im Jahr 1923, als die Debatte um »Wissenschaft als Beruf« ihren Höhepunkt gerade überschritten hatte,[1] bemerkte Siegfried Kracauer in einer Rezension der Schriften Troeltschs und Webers, daß die Krise der Wissenschaft mittlerweile »schon zum Gespräch des Marktes« avanciert sei.[2] Unter den tatsächlich kaum zu überblickenden und beinahe jedes Niveau bedienenden Veröffentlichungen über Wert und Unwert der Wissenschaft, von denen Kracauer hier abschätzig sprach, stechen die Beiträge des »Wissenschaftsstreites«[3] jedoch in gewisser Weise hervor. Das heißt leider nicht, daß auch sie sich nicht zuweilen am Niveau des Marktes orientierten und dieses – wie in den letzten Ausläufern der Debatte – noch zu unterbieten sich anschickten. Was die Debattentexte vielmehr von den übrigen Krisenschriften unterschied, war, daß sie aufgrund der sie leitenden Bezogenheit auf die Opposition Weber-Kahler einerseits eine relativ geschlossene Auseinandersetzung bildeten, zugleich aber noch als durchaus repräsentatives Abbild auch der übrigen Krisenbetrachtungen angesehen werden konnten.[4] Denn ausgehend von der im Heidelberger Milieu gewachsenen Gegnerschaft zwischen Weber und den dortigen Georgeanern wurde die plakative Auseinandersetzung zwischen »alter« und »neuer« Wissenschaft doch im Laufe der Debatte in weitere Kontexte getaucht, wodurch das ursprünglich ohnehin schon ambitionierte Programm Kahlers, alle bisherige Wissenschaft wieder auf feste (platonische) Grundlagen stellen und so mit den Anforderungen des »hohen Lebens« vereinbaren zu wollen, noch mit darüber hinaus gehenden Fragekomplexen wie denen der Hochschulreform, der politischen »Volksbildung« oder eines erneuerten Humanismus verknüpft wurden.[5] Dadurch nun, daß die Debatte von so verschiedener Seite aufgegriffen und weitergetrieben wurde, erlangte sie zwar eine recht große Verbreitung, doch blieb ihre zeitgenössische Wahrnehmung natürlich sehr disparat. Während bei den in erster Linie polemischen Beiträgen ohnehin nur wenigen Positionen begegnet werden konnte und wollte, wurde auch in den mehr retrospektiven Darstellungen späterer Jahre oft nur ein Ausschnitt, keinesfalls aber die ganze Breite der Debatte erfaßt,[6] was nicht zuletzt daran lag, daß mit Ausnahme des *LOGOS*, in dem Troeltsch, Rickert und Cohn publizierten, kein zentrales Medium vorhanden war, auf das sich der Streit konzentrierte.

Trotz der so natürlich vorhandenen Brüche im Fluß der Debatte gab es doch einige Topoi, die sich kontinuierlich durchhielten und von denen daher am ehesten eine Antwort auf die Frage zu erwarten ist, warum sich gerade an Webers Vortrag der Streit entzündete. Die vielleicht ausgeprägteste Konstante in den Beiträgen sowohl der alten wie der neuen Wissenschaft war hier die Betonung der vorbildhaften Persönlichkeit Webers, die sicher nicht allein der gebotenen Pietät geschuldet war, selbst wenn der Umstand, daß sich die Debatte an einem jüngst Verstorbenen entzündet hatte, anfänglich nicht ohne mildernden Einfluß auf die Schärfe der Auseinandersetzung geblieben sein dürfte. Was von der neuen Wissenschaft erstrebt und von der alten als mit ihren Mitteln erreichbar hingestellt wurde, nämlich eine universelle, das Spezialistentum überwindende Arbeit sowie die dadurch zu gewinnende Persönlichkeit, das, da war man sich bei aller sonstigen Kritik einig, sei nirgends besser veranschaulicht als bei Weber selbst. Diese Bewunderung stand jedoch in auffälligem Kontrast zur Enttäuschung darüber, daß ausgerechnet Weber all den damit verbundenen Hoffnungen in seinem Vortrag eine so schroffe Absage erteilte. Auch wenn diese Absage – wie gezeigt – durchaus ambivalenter ausfiel, als oft wahrgenommen wurde, so wirkte sie in ihrer pessimistisch-apodiktischen Art doch erschreckend in den Augen derer, die in Weber nicht nur den kommenden politischen, sondern auch den moralischen Führer Weimars sehen wollten, während sie diejenigen, die die alte Wissenschaft als Inbegriff der fehlgeleiteten Moderne zu überwinden gedachten, so nur noch in der Überzeugung bestärkte, daß von dieser Wissenschaft weder Führung noch Veränderung hin zu einer mit dem Leben versöhnten Moderne zu erwarten sei. Das schon von Dietrich diagnostizierte »Schaukelverhältnis von Erwartung und Enttäuschung«[7] trifft also, wenn man es von seinem überbordenden historischen Erklärungsanspruch befreit hat, durchaus die Angriffe auf den Vortrag. Denn nicht nur die Georgeaner schwankten ja zwischen Faszination und Abwendung, sondern auch bei Krieck stand am Anfang noch die Verehrung Webers, die erst nach dessen Zurückweisung in die scharfen und beinahe obsessiv wirkenden Angriffe überging.

In den Reaktionen der alten Wissenschaft tritt dieses Muster dagegen nicht in dieser Weise auf. Zwar gibt es auch hier das »Erschrecken« über die Schroffheit mancher Ausführungen, doch galt dieses eher der Art, mit der Weber die Wissenschaft den traditionellen Bildungsgütern gegenüberstellte. Webers Thesen, daß Wissenschaft nur noch bedingt persönlichkeitsbildend sei, daß sie die Wertsphären lediglich deskriptiv zu untersuchen habe und vor allem daß sie kein Weg mehr zum »wahren Sein« oder zur »wahren Kunst« darstellen könne, haben nämlich nicht nur in den Augen derer verstörend gewirkt, die nach Krieg und Revolution in der Universität die letzte intakte gesellschaftliche Institution erblickten und von ihr verläßliche Werte verlangten,[8] auch die bereits etablierte Wissenschaft und hier vornehmlich die akademische Philosophie mußte sich durch sie in ihrem Sinn herausgefordert sehen. Nun hätte sie diese von Weber ja nicht zum ersten Mal vertretene Haltung natürlich einfach ignorieren können, doch dadurch, daß sich die Gegnerschaft bereits formiert und deren Kritik sich längst ins Prinzipielle und damit auch gegen sie selbst gewendet hatte, war sie gezwungen, sich wenigstens mittelbar auch mit dem Vortrag auseinandersetzen zu müssen, selbst wenn die Antworten in erster Linie den geistigen Revolutionären galten.

Der Angelpunkt dieser Auseinandersetzung war nun, wie gesehen, Webers »Ausschaltung der Philosophie«. Zwar ließen sich auch hier wieder, wie es Jaspers tat,[9] die eminent philosophischen

Passagen des Vortrages und des Werkes überhaupt anführen, doch da die Degradierung der einstigen »Königin der Wissenschaften« zu einer bloßen »Fachdisziplin«[10] eine gemeinsame Vetokoalition sogar zwischen den akademischen Generationen stiften konnte, schien sie der geeignete Punkt, an dem sich die alte Wissenschaft rechtfertigen und ihr Angebot zur Überwindung der Wissenschaftskrise präzisieren und erneuern konnte. Da trotz aller Unterschiede im Einzelnen die jeweiligen Rechtfertigungsstrategien aber lediglich darauf hinaus liefen, gegenüber den sonstigen positiven Wissenschaften eine Sonderstellung der Philosophie zu reklamieren bzw. ihr genau die Eigenschaften zu attestieren, die im Namen der neuen Wissenschaft eingeklagt wurden, nimmt es nicht wunder, daß diese Angebote kaum aufgenommen wurden und sich eher noch der Eindruck einstellte, es bedürfe weit mehr als nur einer Revolution der *Wissenschaft*.

Auch wenn die Debatte am Ende also eher verebbte und erst durch die Aufnahme in der völkischen und »kämpfenden Wissenschaft« als zeitweilig entschieden galt, war sie für den Selbstverständigungsprozesses der Kultur- und Geisteswissenschaften, die sich in dieser Zeit »auf der Suche nach ihrem verlorenen Beruf« befanden,[11] doch von nicht zu unterschätzender Bedeutung. Denn nicht zuletzt durch die enorme Reichweite der prominenten Debattenbeiträge trug sie dazu bei, die weitverbreitete Unzufriedenheit mit dem Historismus und Positivismus des vergangenen Jahrhunderts auf den Begriff, und das heißt hier auf die suggestive Opposition von *alter* und *neuer* Wissenschaft zu bringen. Zwar wurde diese Opposition im Sog der philosophisch ungeheuer produktiven 20er Jahre bald durch andere Gegensätze abgelöst, der Entwicklung des geistigen Klimas war so jedoch zumindest der Weg gewiesen.

Anmerkungen

1. Einleitung

1 Jaspers, Gedenkrede, S. 3. Dort auch die Trias Forscher-Politiker-Philosoph.
2 Vgl. die Schilderung Schwabings und seiner Propheten bei Breuer, Fundamentalismus, S. 95 ff. Ein ähnliches Bild von Marburg gibt auch Gadamer, Lehrjahre, S. 25.
3 Vgl. Stern, Kulturpessimismus.
4 WaB, S. 92 f.
5 Ebd., S. 87.
6 Ebd., S. 80 und 93.
7 Ebd., S. 97, 103 f. und110.
8 So Birnbaum in einem Brief an Weber vom 26. November 1917, zit. nach WaB, S. 29.
9 Vgl. WaB, S. 31 f. und zur »Fachbildung« WL S. 453.
10 Birnbaum, Erinnerungen, S. 20.
11 Löwith, Leben, S. 16 f.
12 Honigsheim, Max-Weber-Kreis, S. 285.
13 Mahrholz, Lage, S. 230. In ähnlicher Formulierung: Ders., Fakultät, S. 53.
14 Scheler, Ausschaltung, S. 15. Ähnlich auch Jaspers, Gedenkrede, S. 10: »...in seiner weiten Seele [wirkte] das Schicksal der Zeit«.
15 Vgl. zuletzt Oexle, Wirklichkeit; sowie Föllmer/Graf, Krise; Ringer, Mandarine, S. 229–384.
16 Vgl. Mommsen, Auflösung.
17 Vgl. Jarausch, Krise, S. 182 ff.
18 Nipperdey, Geschichte, S. 633.
19 Schnädelbach, Philosophie, S. 51 ff.

20 Zur ökonomischen Destabilisierung des Bürgertums während des Ersten Weltkrieges vgl. die beste Überblicksdarstellung dazu bei Feldman, Disorder.

21 Auch wenn es in Mathematik und Naturwissenschaften seit der Jahrhundertwende vergleichbare Grundlagenkrisen gab (etwa die Kontroverse um den »intuitionistischen« Zahlbegriff und natürlich die Auseinandersetzungen um Relativitätstheorie und Quantenmechanik), die ihrerseits auch in die Kulturwissenschaften hineinwirkten, fand der hier zu untersuchende »Wissenschaftsstreit« bei ihnen schlicht nicht statt. Vgl. Ash, Akademie, S. 126 ff.

22 Kracauer, Wissenschaftskrisis, S. 197.

23 Noch 1996 betonte Otto G. Oexle, Nietzsche, S. 186, daß der »grundsätzliche und weitreichende Wissenschaftsstreit«, den die Auseinandersetzung mit »Wissenschaft als Beruf« in den 20er und 30er Jahren auslöste, »eigentümlicherweise in Deutschland heute in Vergessenheit geraten zu sein scheint«. Zwar läßt eine deutsche Edition der teilweise recht unzugänglichen Debattentexte noch immer auf sich warten, dennoch gibt es natürlich eine breite Literatur zur grundsätzlichen Bedeutung sowie zu einzelnen Aspekten des Streites. Zu nennen sind hier neben Oexles eigenen Arbeiten zu Weber v.a. die klassische Studie von Fritz Ringer, Mandarine, S. 315–329; dann die italienische Monographie Edoardo Massimillas, Intorno; sowie die Edition zentraler Texte der Debatte bei Lassman und Velody, Science. Aus der Perspektive der George-Forschung ist dieser für die Geschichte des George-Kreises zentrale Gegenstand ebenfalls gut beleuchtet. Hier ist v.a. anzuführen die ausgezeichnete Arbeit von Carola Groppe, Bildung (darin auch der Nachweis früherer Literatur); sowie die Monographie Gerhard Lauers, Revolution; während die jüngsten großen Monographien zum George-Kreis von Norton, Secret Germany; und Karlauf, George; den Streit kaum beachten oder ausblenden. Im Rahmen der Kultur- und Soziologiegeschichte sind die Untersuchungen von Lepenies, Kulturen; und die sehr ausführliche Auseinandersetzung von Lichtblau, Kulturkrise; zu nennen sowie zuletzt auch aus der Pädagogik Horlacher, Bildung. Die Weberforschung, lange Zeit verstrickt in ihren eigenwilligen »Kampf um Weber«, hat dieses Thema bisher jedoch kaum in den Blick genommen. Ausnahmen sind hier Schluchter, Handeln, S. 289 ff.; sowie die Arbeiten von Hennis, Erzieher, S. 246 f.; ders., Fragestellung, S. 195 f.

24 Zum »Hunger nach Ganzheit« vgl. Gay, Außenseiter, S. 99 ff.

25 Vgl. hierzu die von Johannes Winckelmann herausgegebenen Kritiken und Antikritiken: Winckelmann, Ethik II.

26 Vgl. Hennis, Erzieher, S. 246. Von kaum zu unterschätzender Bedeutung ist hier natürlich auch Marianne Webers »Lebensbild«, dessen

Erscheinen 1926 noch einmal eine Fülle an Würdigungen von Person und Werk Webers evozierte. Beispielhaft sind etwa Liebert, Weber; oder Gerhardt, Weber. Ein Literaturüberblick über die sonstige und vor allem im engeren Sinne soziologische Rezeption findet sich bei Mettler, Problematik, S. 149 ff.

27 Peukert, Weimar.

2. Der Ausgangspunkt der Debatte: »Wissenschaft als Beruf«

1 »Nachwort« von Birnbaum, zitiert nach WaB, S. 65.

2 Vgl. ebd.

3 Vgl. Birnbaum, Achtzig Jahre, S. 79.

4 Vgl. Schwab, Beruf.

5 Ebd., S. 104.

6 Zum v. a. durch Karl Löwith und Marianne Weber verursachten Problem der Datierung des Vortrages vgl. die Einleitung zu WaB, S. 43–46.

7 Birnbaum, Erinnerungen, S. 19 f.

8 WL, S. 456.

9 Ebd.

10 Vgl. Webers Brief an Mina Tobler (undat.), in dem er sich zufrieden darüber zeigt, den sich dort anbahnenden »Schwindel« scharf koupiert zu haben; zit. nach WaB, S. 13, Anm.49.

11 Neben die Erinnerung Ernst Tollers, daß sich dort »die Jugend an Max Weber klammerte« (WaB, S. 58), muß natürlich z. B. die Schilderung Marianne Webers, Lebensbild, S. 612 treten: »Einigen erscheint er als ›Satan‹ – andern als ihr ›Gewissen‹«. Vgl. auch den anonymen Gedenkartikel in: Das neue Deutschland 8 (1919/20), S. 339 f.: »Am Schluß seiner [d.i. Webers R.P.] Rede sah sich alles an […] und zuckte die Achseln«.

12 Salin, Um George, S. 162 f.

13 Aus dieser Bemerkung Salins zu schließen, es habe noch eine frühere Version des Vortrages gegeben, ist zwar verlockend, aber eben doch durch nichts weiter gestützt. Daß Weber in dieser Zeit aber offensichtlich mehrfach seine Position auszuformulieren sucht, zeigt auch der bis in einzelne Formulierungen hinein Parallelen zum Münchner Vortrag aufweisende »Wertfreiheitsaufsatz« im »Logos« (7. Jg. 1917/18 = WL, S. 451–502), der jedoch in der anschließenden Debatte kaum eine Rolle spielen wird.

14 So Weber nach Salin, Um George, S. 162.

15 Vgl. den Brief an Max Weber vom 26. 11. 1917; zit. nach WaB, S. 60.

16 Vgl. oben Anm. 13 und 14.

17 Löwith, Max Webers Stellung, S. 419.

18 Nach Birnbaum (Brief an Weber vom 26.11.1917; zit. nach WaB, S. 61.) waren das diejenigen, die durch »Husserls Logos-Aufsatz (Philosophie als reine Wissenschaft) und den Methodenstreit der Historiker und die nationalökonomische Werturteils-Debatte darauf vorbereitet war[en].«

19 Vgl. zu diesem auch in »Politik als Beruf« herangezogenen Beispiel eines pazifistischen Gesinnungsethikers WaB, S. 28.

20 Vgl. ebd., S. 105 (»der Prophet [...] ist eben nicht da«) sowie das edomitische Wächterlied am Schluß (S. 110 f.).

21 So etwa bei Mahrholz, Lage, S. 230: Webers Wissenschaft als »Weg zum Sterben in stoischem Heroismus« oder Curtius, Wissenschaft, S. 203: Webers »tragisch gespannt[es] Ethos«. Vgl. dazu auch Ringer, Mandarine, S. 152 f.

22 Mattenklott, Bilderdienst, S. 337. Vgl. auch Großheim, Existentialismus, zur politischen Variante einer solchen Suche nach der »Unbedingtheit ohne Inhalt«.

23 Ob diese »Fragestellung« nach dem Verhältnis von Persönlichkeit und den gesellschaftlichen Lebensordnungen dabei auch alle anderen Aspekte des Weberschen Werkes umgreift, sei hier dahingestellt. Für die späten Vorträge Webers, an denen Hennis, Fragestellung, seine These aufhängt, ist dieser Fokus jedenfalls überdeutlich.

24 Vgl. das »Nachwort« von Birnbaum, zitiert nach WaB, S. 65.

25 Vgl. RS I, S. 202 ff.

26 Vgl. aus der Fülle der Schriften zur akademischen »Berufsberatung« z.B. den Vortrag des Rostocker Philosophen Emil Utitz, Berufsberatung. Daß WaB von diesem Kontext ausgeht, zeigt auch die Anmerkung Marianne Webers zum Wiederabdruck des Vortrages in WL, S. 524.

27 WaB, S. 74.

28 Vgl. auch zum Folgenden ebd., S. 71 ff.

29 Ebd., S. 80, hier in bezug auf jüdische Habilitanden, deren Aussichten de facto noch weit schlechter waren als die der übrigen Bewerber.

30 Dante, Div. Com. III 1 ff.

31 WaB, S. 79.

32 Vgl. WL, S. 453 f.

33 Vgl. WaB, S. 79, 99, 104.

34 Vgl. ebd., S. 78 f., 96 ff., 102 f., 105.

35 Ebd., S. 79.

36 Vgl. zum Folgenden ebd. S. 80 ff.

37 Ebd., S. 84 f.

38 Einen Überblick über die wichtigsten zeitgenössischen »Persönlichkeitslehren« gibt Hlucka, Persönlichkeit, S. 26 ff.

39 Abgesehen davon, daß die Prädestinationslehre fester Bestandteil auch der Theologie Augustins und damit Luthers war, ist gerade dem Zusammenhang von Calvinismus und Webers »Wissenschaftslehre« vielfach, v. a. biographisch nachgegangen worden. Zuletzt wurde WaB sogar als das »wissenschaftspädagogische Pendant zur Protestantischen Ethik« (Radkau, Leidenschaft, S. 748) gelesen, wenngleich m. E. die Parallele zur Wissenschaft weniger im Askese verlangenden Kapitalismus gesucht werden sollte, als in der – noch um das Numinose wissenden – Haltung des Gläubigen. Vgl. auch die vorsichtige Lektüre der PE bei Lehmann, Selbstzeugnis.

40 Vgl. auch zum Folgenden WaB, S. 85 ff.

41 Vgl. dessen berühmte Apotheose der Wissenschaft in Wilamowitz, Philologie, S. 108 f.

42 WaB, S. 105.

43 Vgl. RS I, S. 203 f. Daß es in der Wissenschaft von solchen reflexionslosen »letzten Menschen« nicht wenige geben dürfte, deutet Weber (WaB, S. 85 und 95) an, wenn er überhaupt die Bereitschaft bezweifelt, bewußt eine »innere Stellung« zur Wissenschaft einzunehmen.

44 WaB, S. 88.

45 Ebd., S. 88 ff.

46 Ebd., S. 93. Zur Bedeutung Tolstojs für die Kulturkritik und vor allem zur spannungsreichen Auseinandersetzung Webers mit ihm vgl. Hanke, Prophet.

47 Vgl. wiederum Hanke, Prophet, S. 205, die m. E. als erste diese zentrale Funktion Tolstojs auch in WaB herausgestellt hat.

48 WaB, S. 93 ff.

49 Vgl. WL, S. 213, wo Weber vom »innewohnenden Glauben an die überempirische Geltung letzter und höchster Wertideen« spricht, »an denen wir den Sinn unseres Daseins verankern«. Für den Wissenschaftler heißt dies, am »Wert der Wahrheit« als »›selbstverständliche‹ Voraussetzung« festzuhalten; vgl. Rickert, Stellung, S. 230.

50 Otto G. Oexle hat an dieser Stelle mehrfach den Rückgriff Webers auf den Kritizismus Kants betont und Weber sogar dessen »kopernikanische Wende« in die Geschichtswissenschaft übertragen lassen (Problemgeschichte, S. 18 f.).

51 WaB, S. 95.

52 Ebd., S. 101 ff.

53 Ebd., S. 97. Vgl. auch WL, S. 459 f., wo Weber dieses Postulat mit dem Sittengesetz vergleicht, das obschon »unerfüllbar« dennoch »aufgegeben« ist. Gemeint sind hier wie auch sonst in der Werturteilsdebatte praktische Stellungnahmen z. B. zu konkreten wirtschaftspolitischen

Fragen. Daß es darüber hinaus weitere notwendige Wertungen (etwa der Zuschreibung von »Kulturbedeutung«) gibt, ist dabei von Weber immer betont worden. Vgl. WL, S. 175 ff. oder 451 ff. Zum Verhältnis solcher »Kulturwertideen« zu den theoretischen »Wertbeziehungen« Rickerts vgl. WL, S. 473 sowie Oakes, Schule; und ders., Rickert. Daß es Weber in späteren Jahren schließlich überhaupt mehr auf die Kenntlichmachung der Wertungen, weniger auf die strikte Trennung von der Deskription ankam, betont Keuth, Wissenschaft, S. 37.

54 WaB, S. 99 ff. Das gleiche Bild verwendet Weber ebenfalls im Wertfreiheitsaufsatz (vgl. WL, S. 469 f.).

55 Vgl. WL, S. 463.

56 Das »Verflachende des Alltag«, vor dem Weber warnt, besteht gerade in solch bequemem Abgeben letzter Entscheidungen; vgl. ebd. S. 469 f. Derselbe Gedanke leitet dann Heidegger 1927 in »Sein und Zeit«: selbst wenn die die Normativität dort eher implizit angelegt ist, wird auch dort die Verfallenheit des uneigentlichen Daseins an die Alltäglichkeit des Man, des Geredes etc. mit der »Entschlossenheit« des Daseins, d. h. mit dem Ergreifen des eigenen Seins zum Tode kontrastiert, ohne genau zu bestimmen, worin diese Entschlossenheit inhaltlich besteht.

57 Den Begriff des »Schicksals« im Zusammenhang mit dem Werk Webers zu untersuchen, ist m. E. noch ein Desiderat. Der große Einfluß stoischer Gedanken auf die Nationalökonomie (vgl. Kraus, Stoa) mag hier ebenso eine Rolle spielen wie Webers Verzicht auf jede sinnstiftende Geschichtsphilosophie (vgl. WL, S. 180: die »sinnlose Unendlichkeit des Weltgeschehens«), durch den das Schicksal als rational nicht zu erfassender Zusammenhang des Lebens wieder Einzug hält. Vgl. zur zeitgenössischen Renaissance des Fatums Heinzelmann, Schicksal, S. 4: »Wie ein unheimlicher Schatten aber folgt den [...] neu auftretenden Lebenslehren auf dem Fuße das Gespenst des Schicksals«.

58 Vgl. WL, S. 469 f. oder RS I, S. 204 und die Formel vom »Fachmenschen ohne Geist«.

59 WaB, S. 98 f. und 103 f.

60 Ebd., S. 104. Das delphische „gnoti seauton“ ist also nicht nur eine Forderung an die Fachdisziplin der Philosophie, sondern ausdrücklich auch an jede Einzeldisziplin und somit nicht zuletzt auch an jeden Wissenschaftler.

61 Ebd.

62 Ebd., S. 110.

63 Ebd., S. 105.

64 Vgl. WL, S. 469 sowie Tenbruck, Nachwort, S. 256 f., für den die »Selbstbesinnung« daher auch das »Leitwort« dieses Vortrages ist. Vgl. auch schon ders., Science, S. 355 f.; sowie Scaff, Iron Cage, S. 116.

65 WaB, S. 110 f.

66 Unter den Rezensenten war dies einzig Hassbach, Rezension, S. 99, der sich enttäuscht über den Vortrag zeigte, weil er kaum praktische Antworten auf die Hochschulproblematik bereithielt und zu sehr im Allgemeinen blieb. Daß Weber wohl zu Recht von einer anderen Erwartungshaltung ausging, sagt er im Vortrag ausdrücklich; vgl. WaB, S. 80: »Ich glaube nun aber, Sie wollen in Wirklichkeit von etwas anderem: von dem inneren Berufe zur Wissenschaft, hören«.

67 Vgl. WL, S. 460.

68 Vgl. Tenbruck, Nachwort, S. 244,

69 Vgl. z.B. Bendix/Roth, Scholarship, S. 33, für die WaB insofern »his political testament« war, als er dort mit den intellektualistischen Irrationalismus der Zeit abrechnete.

70 Abgesehen werden soll hier von der grundsätzlichen Weberkritik im Anschluß an die Naturrechtslehre Leo Strauss' oder auch von der Diskussion im Zuge des späteren »Positivismusstreites« um Habermas und Adorno, da hier oftmals andere Interessen das Ringen um eine angemessene Weberinterpretation überlagerten. Ausgeblendet bleibt auch die nordamerikanische Rezeption im Anschluß an Talcott Parsons, da diese WaB schlicht ignorierte; vgl. dazu Lassman/Velody, Science, S. 160 ff.

71 Lepsius, Gesellschaftsanalyse, S. 105.

72 Schluchter, Handeln, S. 283 und 288 f. Vgl. auch Mommsen, Bürgerstolz, S. 884: In WaB spreche »Max Webers nüchterner Rationalismus, gepaart mit dem Gebot einer ethisch-methodischen Lebensführung«.

73 Zu engen Verhältnis des Weberschen Denkens zu Fragen Nietzsches vgl. etwa die Arbeiten von Hennis, Fragestellung, S. 167 ff.; Peukert, Diagnose; Germer, Antwort; Weiller, Moderne; oder Oexle, Nietzsche. Kritisch dazu zuletzt Hübinger, Gelehrte, S. 139 ff.

74 Tenbruck, Science, S. 356 f.

75 Peukert, Diagnose, S. 16.

76 Weiller, Moderne, S. 48.

77 Hanke, Prophet, S. 206.

78 Vgl. Lassman/Velody, Science, S. 166 und 202: »This is another instance of Webers's technique of creating an ironic distance between himself an his object[...]. Weber is playing at being Mephisto to his audience, saying to them, in effect, ›if you want technical and scientific progress, which, in any case, is inevitable, then this is the price that you must pay.‹«

79 Radkau, Leidenschaft, S. 748 ff.

80 Ebd., S. 749.

81 Vgl. z. B. WaB, S. 79 f. (Habilitation), 84 (Götzen der Jugend), 92 (Sinnlosigkeit der Wissenschaft), 105 f. (prophetenlose Zeit), 108 f. (intellektuelles ›Mobiliar‹) etc. Dies war auch eine Kritik Rickerts, Stellung, S. 231, der die »Mißverständnisse« um den Vortrag gerade durch dessen »sehr schroffen, zum Widerspruch reizenden Ausdruck« hervorgerufen sah.

82 Vgl. Jaspers, Forscher, S. 54, der eine vergleichbare Schwierigkeit beschreibt, Webers Urteil zu erfassen: »Je tiefer Max Weber sich auf eine Forschung einläßt, desto stärker wird dieses Zwielicht [in dem der Calvinismus, die jüdischen Propheten und die Demagogen stehen; R.P.], so daß man bei gründlicher Prüfung nicht weiß, ob Max Weber wertend bejaht oder verneint.« Dies sei eben »das Aufrüttelnde der Zweideutigkeit aller Wertungsmöglichkeiten«. Mit Bezug darauf auch Radkau, Leidenschaft, S. 197: »Ähnlich wie die musikalischen Neuerer seiner Zeit entdeckte Weber in der Wissenschaft den Reiz der Disharmonie. Der besondere Ton vieler Schriften entsteht dadurch, daß Spannungen sehr lange aufrechterhalten und nicht einmal am Schluß gelöst werden«.

83 Vgl. WaB, S. 86 f., 92, 105, 109 f. Zu diesen Sphären gehören gemäß den verwandten Beispielen Religion, Kunst und (durch die Anspielung auf die Widmung der RS: »bis ins pianissimo des höchsten Alters«) nicht zuletzt die Erotik.

84 Ebd., S. 81: »Denn nichts ist für den Menschen als Menschen etwas wert, was er nicht mit Leidenschaft tun kann«. Zum ambivalenten Gebrauch des »Erlebnisses« bei Weber und zu dessen Funktion gleichsam als »Erholungspause von den Heterogenitäten der Wirklichkeit« vgl. Hettling, Unbehagen, S. 59.

85 Ebd., S. 84 f.

86 Über die Stellung der »Persönlichkeit« im Denken Webers vgl. natürlich Hennis, Fragestellung, S. 97 ff.

87 Troeltsch, Revolution in der Wissenschaft, S. 672. Vgl. auch Curtius, Wissenschaft, S. 203; Kahler, BdW, S. 5, Anm. oder Rickert, Stellung, S. 236.

88 Vgl. Salin, Um George, S. 158: »Dort [d.i. bei Weber R.P.] war das Höchstmaß des Wunschbildes dieses Zeitalters verwirklicht: Persönlichkeit, – Persönlichkeit mit allen Schroffen und Kanten, mit allen Begabungen und Kenntnissen, sogar mit einem edlen Feuer und mit einer ergreifenden Pflichtenstrenge, – aber freudlos und glücklos…«.

3. Die Debatte im George-Kreis

1 Salin, Um George, S. 73, 256 und 258.
2 Vgl. ebd., S. 235.
3 Vgl. Landmann, Wissenschaft, S. 67 f.; und Hildebrandt, Erinnerungen, S. 125 ff.; sowie dann Weiller, Moderne, S. 71 ff.; Groppe, Bildung, S. 627 f.; Breuer, Fundamentalismus, S. 167; Fried, Wirtschaftswissenschaftler, S. 263 mit Anm.59.
4 Landmann, Wissenschaft, S. 67 f. Zum situationsabhängigen Wahrheitsbegriff Georges vgl. Zöfel, Wirkung, S. 13 ff.
5 Vgl. die drei Sammelbände zur Wirkung des Kreises auf die Wissenschaft: Zimmermann, Wirkung; Schlieben/Schneider/Schulmeyer, Geschichtsbilder; und Böschenstein, Wissenschaftler.
6 Meinecke, Erlebtes, S. 101.
7 Ebd.
8 Zur »Generation von 1890« vgl. Lichtblau, Kulturkrise, S. 77 ff.
9 Vgl. Kolk, Kritik, S. 41 ff.; sowie zum Jugendtag Mogge, Hoher Meißner.
10 So bei Gundolfs Aufsatz »Wesen und Beziehung« in JB II, S. 13 f.
11 Vgl. die wohl von George selbst verfaßte Einleitung zum dritten Jahrbuch (JB III, S.IV), in der dem »Griechenforscher« (d.i. Wilamowitz-Moellendorff) vorgehalten wird, sein umfassendes Sachwissen dazu zu gebrauchen, »die Antike zu journalisieren und zu entwerten«. Daß sich die Autoren des Kreises oft selbst journalistisch nach außen wandten und um der eigenen Wirkung willen auch mußten, war schon vor den Jahrbüchern ein Problem. Vgl. Hildebrandt, Erinnerungen, S. 51.
12 So Kolk, Kritik, S. 47. Vgl. auch die von Breuer, Fundamentalismus, S. 95 ff. skizzierte »Welt Stefan Georges« mit ihren zahlreichen Propheten und Poeten.
13 Daß der Kreis dennoch kein idealer Freundschafts-»Bund« war, wie ihn Schmalenbach, Kategorie; mit Blick auf den Kreis zwischen »Gemeinschaft« und »Gesellschaft« stellte, zeigt wiederum Breuer, Fundamentalismus, S. 78 ff.
14 Vgl. Troeltsch, Krisis, S. 658 ff.; und ders., Die geistige Revolution, S. 231 f. Nach Hildebrandt Erinnerungen, S. 48, Anm.6 soll diese Preisaufgabe jedoch Wilamowitz mit seiner Autorität unterbunden haben.
15 Vgl. den Brief Gundolfs vom 3.3.1910 an Wiesi de Haan, zit. nach Salin, Zeugnisse, S. 132.
16 Vgl. Wolfskehl, Blätter, S. 15.
17 Groppe, Bildung, S. 239.

18 Vgl. Gundolf, Vorbilder.
19 Wolters, Richtlinien.
20 Ebd., S. 130.
21 Vgl. dessen Unterscheidung von »apollinischem« und »dionysischem« Prinzip oder Trieb (KSA I, S. 25 ff.), an die sich hier natürlich angelehnt wird.
22 Wolters, Richtlinien, S. 140 f. und 145.
23 Vgl. Groppe, Bildung, S. 238.
24 Gundolf, Wesen, S. 25. Das von ihm zitierte νεικός καὶ φιλία verweist dabei noch über Nietzsche hinaus auf Empedokles (vgl. DK 31 B 8 ff.).
25 Ebd., S. 13 und16.
26 Ebd., S. 18 f.
27 Ebd., S. 27 ff.
28 Vgl. Einleitung der Herausgeber, in: JB III (1912), S.III-VIII. Nach Hildebrandt, Erinnerungen, S. 82 f. stammt diese Einleitung von George selbst.
29 Ebd., S.IIIf.
30 Vgl. den Brief Simmels an Rickert vom 29.12.1911, zit. nach Zöfel, Wirkung, S. 40, Anm.83: »Ihr Entsetzen über den 3. Band des ›Jahrbuchs‹ teile ich vollkommen und es wird so ziemlich allgemein geteilt«.
31 Dabei handelte es sich um eine Auseinandersetzung zwischen dem Historiker Kurt Breysig und George bzw. den Berliner Georgeanern (Wolters, Hildebrandt). Zu diesem Streit vgl. Landmann, Wissenschaft, S. 74 ff.; und ausführlich Brocke, Breysig, S. 163 ff.
32 Zum Wissenschaftsbegriff der Jahrbücher vgl. Zöfel, Wirkung, S. 52–60; und Groppe, Bildung, S. 231 ff.
33 Vgl. Vallentin, Napoleon, S. 137, wo es mit Bezug auf Napoleon heißt: »Keine bildung repräsentiert er kein erlernbares kein ›geistiges‹ gut wie das jämmerliche geschlecht von 1900 sagt, sondern blut blut blut das zum blute will und nur vom blute wieder empfangen wird.«
34 So beruft sich die Einleitung der Herausgeber (JB III, S.VII), um ihre Ablehnung des Protestantismus zu begründen, auf dessen Zusammenhang mit dem Kapitalismus, wie er »durch die klassische schrift Max Webers unwiderleglich begründet [Herv. R.P.] worden« sei.
35 Vgl. Salin, Um George, S. 187.
36 Über die politischen und konzeptionellen Differenzen, die diesen Band verhinderten, vgl. Zöfel, Wirkung, S. 38 ff. Als einzig von George legitimierter, weil mit dem Signet der Blätter versehene Versuch, eine eigene Grundlegung der Wissenschaft aus dem Kreise heraus vorzunehmen, kann dann Edith Landmanns »Transzendenz des Erkennens« von 1923 gelten, worin sie die von George präferierten Stufen des Erkenntnis- und Bildungsweges entwirft.

37 Vgl. Hildebrandt, Erinnerungen, S. 95.
38 Vgl. die Äußerungen Georges bei Groppe, Bildung, S. 628.
39 Zu diesem speziellen Klima Heidelbergs vgl. Sauerland/Treiber, Heidelberg, bes. S. 70 ff.; und Groppe, Bildung, S. 580 – 600.
40 Vgl. Kahler, Stefan George, S. 17.
41 So nach Salin, Um George, S. 15. Zur Konkurrenz Heidelbergs zu Berlin vgl. Groppe, Bildung, S. 571.
42 Vgl. Groppe, Bildung, S. 290 – 329, die bei aller Abhängigkeit von George doch v. a. Gundolfs Eigenständigkeit betont.
43 Vgl. Weber, Lebensbild, S. 469: »Seinen [d.i. Max Webers R.P.] Einspruch gegen die Ansichten des Kreises erörterte er deshalb lieber mit Gundolf«.
44 Brief Gundolfs an Kahler vom 14.–20. 5. 1920, zitiert nach Groppe, Bildung, S. 612.
45 Gundolf, Wesen. Kruse, Soziologie, S. 264 liest WaB daher auch als »Abrechnung mit den Georgianern, wobei die ›Jugend‹ als Chiffre für die Georgianer steht.« Groppe, Bildung, S. 601 – 609, die die Parallelen in den Fragen und Antworten der beiden Aufsätze untersucht hat, formuliert dagegen vorsichtiger: »Webers Ausführungen [...] lassen sich lesen als Antwort auf Gundolfs stellvertretend für große Teile seiner Generation formulierte Kampfansage an eine ›wertfreie‹ Wissenschaft und auf seine Forderung nach einer sinnorientierenden Wissenschaft für den ›ganzen Menschen‹«.
46 Vgl. Weber, Lebensbild, S. 469 ff.
47 Vgl. das späte Gedicht Gundolfs auf Weber von 1930 sowie die Erläuterungen dazu von Schmitz, Gundolf, S. 15.
48 Zu den wahrscheinlichen Daten der Veröffentlichungen vgl. den Anhang II bei Fried, Wirtschaftswissenschaftler, S. 299 f.
49 Curtius, Weber. Zu Curtius' Verhältnis zum George-Kreis vgl. Todd, Price; und ders., Stimme. Vgl. außerdem zu Curtius in Heidelberg Rothe, Spurensicherung.
50 Groppe, Bildung, S. 514 weist darauf hin, daß die Verbannungen aus der Nähe des Meisters (außer bei Max Kommerell) bei den Verbannten überhaupt nur selten auch zu innerer Distanzierung führten, daß sie also die eigene Identität weiter auf den Kreis und seine Anschauungen gründeten.
51 Vgl. das Vorwort der Schriftleitung zu Curtius, Weber, S. 197 f.
52 Ebd., S. 200.
53 Ebd., S. 200 f. Wieviel Ironie (ästhetischer Reiz, ungewolltes Selbstbild) aus diesen Sätzen spricht, ist schwer zu fassen, doch scheint es im Hinblick auf den Schluß, wo Weber noch einmal die Reverenz erwiesen wird, eher die im Kreis gepflegte Bewunderung der tragischen Persönlichkeit zu sein, die sich hier ausdrückt. So auch Lichtblau,

Kulturkrise, S. 434–437, der trotz der Kritik von einer »ausdrücklichen Hommage« an Weber spricht.

54 Curtius, Weber, S. 201.

55 Ebd.

56 Ebd., S. 202.

57 Ebd., S. 203.

58 Vgl. auch Lassman/Velody, Science, S. XV.

59 Vgl. die Kritik Kahlers an den Erinnerungsbüchern zum Georgekreis im Brief an Michael Landmann vom 6.1.1963, zit. nach Landmann, Kahler, S. 96.

60 Zu allen biographischen Hintergründen vgl. Lauer, Revolution, hier S. 190 f.

61 Ebd., S. 67 ff.

62 So die Selbstbeschreibung in »Über die Einheit des Menschen. Aus einem Brief an einen jungen Gelehrten« von 1920, in: Kahler, Verantwortung, S. 16.

63 So die »kanonische« Deutung des Kreises durch Wolters, Blätter, S. 6. Vgl. auch Kahler, Stefan George, S. 31.

64 Vgl. Lauer, Revolution, S. 200. Auf die »Angestrengtheit« in den Gesten des Kreises macht bereits Seidel, Bewußtsein, S. 179 ff. aufmerksam, wenn er dessen »Kulturgewolle« beklagt.

65 Vgl. Breuer, Fundamentalismus, S. 78 ff. und Lauer, Revolution S. 190 mit Anm. 307 f., der die »Eifersüchteleien« nur andeutet.

66 Vgl. Fried, Wirtschaftswissenschaftler, S. 299 und den Brief Edith und Julius Landmanns an Kahler (undat.; Herbst 1920?), zitiert nach Landmann, Kahler, S. 91 ff., in dem sie dem Tenor der Schrift zustimmten, jedoch Zweifel am Übergang zur »neuen« Wissenschaft äußersten. Ob es zu dieser Zeit (oder sogar noch früher) weitere Lesungen jenseits des Kreises gab, wie es Kiel, uomo universale, S. 100, Anm. 23 (S. 103) mit Verweis auf einen Tagebucheintrag Thomas Manns vom 10.5.1919 und einen Brief der ebenfalls anwesenden Ricarda Huch vom 12.5.1919 behauptet, ist nicht sicher, erschien doch WaB überhaupt erst im Juni/Juli 1919 (Vgl. den editorischen Bericht zu WaB, S. 65). Möglicherweise beziehen sich diese Notizen auf Passagen, die mit Weber (noch) nichts zu tun hatten, schreibt doch Kahler selbst (BdW, S. 5), daß er bereits seit einem Jahrzehnt an diesem Problem saß.

67 Salin, Um George, S. 260 f.

68 So bei Fried, Wirtschaftswissenschaftler, S. 299 f., der dem Quellenwert Salins ob der zeitlichen Ungereimtheiten »einige Skepsis« entgegenbringt und folgert: »Vielleicht also vindizierte Salin sich in der Erinnerung etwas, was tatsächlich Salz […] ›Für die Wissenschaft‹ getan hatte.« Vgl. auch den Brief Kahlers an Michael Landmann, zit.

nach Landmann, Kahler, S. 97: »Von Empörung kann gewiß nicht die Rede sein«.

69 Groppe, Bildung, S. 616 ff. bringt drei gleichermaßen mögliche Gründe für Georges Empörung, die jeweils mit äußeren, taktischen Erwägungen zu tun haben: Verletzung der »Staatsraison« dadurch, daß nur ein dem Kreis Nahestehender ein solch wichtiges Thema angefaßt habe; Verletzung Georges als »kultureller Instanz«, die durch eine Stellungnahme welcher Art auch immer gefährdet gewesen wäre; Kontaminierung der Wissenschaftskonzeption Georges durch den Geruch des bloß »Weltanschaulichen«.

70 Vgl. Salin, Kreis, der dort die Schwierigkeit beschreibt, wenigstens das äußere Erscheinungsbild des Kreises von sog. »Blätterichen« fernzuhalten, zu denen bald jeder zählte, der wie u. a. Joseph Göbbels (!) eine Vorlesung Gundolfs besuchte.

71 Vgl. Lauer, Revolution, S. 190.

72 So etwa bei Troeltsch, Revolution in der Wissenschaft, S. 668 ff.; Cohn, Erkenntnis, S. 200; oder Franz, Rezension, S. 184.

73 Kahler, Krisis, S. 117.

74 Ebd., S. 115 f. und ders., Wirkung, S. 204.

75 Ders., Krisis, S. 127.

76 Ders., Wirkung, S. 209 f.

77 BdW, S. 5 und 7.

78 Ebd., Anm. vom 16.6.1920.

79 Ebd., S. 7 f.

80 Vgl. Lauer (1995), S. 233 f.: »Dauerüberredung ersetzt den Mangel an gedanklicher Präzision«.

81 BdW, S. 9 f. und 11. Zu den Epitheta »alt« und »jung« vgl. auch Lauer, Revolution, S. 234 f. Die »alte« Wissenschaft steht ja für deren moderne Ausprägung, während sich die noch zu entwerfende »neue« Wissenschaft auf die Antike oder, worauf besonders Lauer insistiert, auf Konzepte des Altkonservatismus des 19. Jahrhunderts stützen wird.

82 Vgl. die Konstruktion dieses Gegensatzes in BdW, S. 10 ff., 21 und 25.

83 Ebd., S. 10 f.

84 Ebd., S. 12 f.

85 Ebd., S. 15 f.

86 Ebd., S. 17 f.

87 Ebd., S. 22 f. und 25. Daß Weber dennoch die »böse Wandlung« wenigstens wahrnehme, sagt Kahler schon zu Begin; vgl. ebd., S. 10 f.

88 Ebd., S. 25 ff.

89 Ebd., S. 30.

90 Vgl. Lauer, Revolution, S. 226 f.

91 BdW, S. 31 f.

92 Ebd., S. 33.

93 Es finden sich lediglich zwei Hinweise auf George jeweils ohne Namensnennung ebd., S. 6 bzw. S. 45 (»Eins ist Not«) und S. 65 (die »hohe Gestalt«, von der »Trost und Kräftigung zu diesem unseren Beginnen« ausgeht), außerdem noch eine Hommage an Gundolfs Goethe-Buch (S. 79).

94 Vgl. Groppe, Bildung, S. 617.

95 BdW, S. 34.

96 Ebd., S. 35–43.

97 Ebd., S. 44 f.

98 Ebd. S. 77 f. Vgl. Schluchter, Handeln, S. 291.

99 BdW, S. 35: »In Deutschland steht heute die Entwicklung der Welt. Deutschland ist seinem Sinne gemäß bis zur äußersten Grenze des modernen Elends gestoßen worden, weil es die führende Umwandlung gebären soll«. Vgl. auch ebd., S. 76 f.

100 Ebd., S. 46 ff.

101 Ebd., S. 66 f.

102 Dies zeigt sich besonders an der Aufzählung derer, die die neue Wissenschaft bereits »vorbereitet« hätten: Neben Bergson und Gundolf, den Hauptwegbereitern, zählen dazu so unterschiedliche Autoren wie die Biologen Jakob v.Uexküll und Oskar Hertwig, dann die »Kulturwissenschaftler« Jakob Burckhardt, Wilhelm Dilthey, Ernst Cassirer, Max Scheler, Alfred Weber, Ernst Pannwitz und Oswald Spengler sowie nicht zuletzt auch Albert Einstein! Vgl. ebd., S. 77–80.

103 Ebd., S. 58 f.

104 Ebd., S. 60. Vgl. auch S. 87 ff. und 95 f.

105 Ebd., S. 61 ff.

106 So der »erste Fundamentalsatz« der neuen Wissenschaft, ebd., S. 80. Zum platonisierenden »Rückbegründen« auf höchste Ideen vgl. ebd., S. 81 ff. und 94 f.

107 Ebd., S. 86 f. Vgl. die verwandte Äußerung Georges, wie sie Salin, Um George, S. 46 berichtet: »Der Schreibtisch [Georges R.P.] war immer leer. ›Man muß arbeiten‹, sagte er, ›aber für sich. Die Zubereitung eines Mahles und die Reste zeigt man auch nicht den Gästen«.

108 Ebd., S. 90 ff.

109 Vgl. ebd., S. 60: »Das neue Wissen, wie sehr auch der Glauben darein eingegangen sein muß, kann nur Wissenschaft sein «.

110 Ebd., S. 93 f.

111 Vgl. Nietzsches »Versuch einer Selbstkritik« zu »Die Geburt der Tragödie« von 1886, in: KSA 1, S. 14 f.

112 Vgl. Schluchter, Handeln, S. 292. Eine Überhöhung der Bedeutung dieser Schrift, wie sie Kiel, uomo universale, S. 59 ff. und 100 f. vor-

nimmt (»Kahler wußte damals noch nicht, was er wußte.«), ist natürlich ebenfalls unangebracht.

113 Zur Datierung vgl. den Brief Gundolfs an Kahler vom 2.11.1920, zit. nach Groppe, Bildung, S. 613: »Jüngst war ich bei Arthurs [d.i. Arthur und Sophie Salz; R.P.] in Bad.Bad. [Baden-Baden; R.P.]. Ich glaube er schreibt was über den Bedewe [»Der Beruf der Wissenschaft«; R.P.], vielleicht dagegen? (Als Astral Weber) doch hält ers geheim«. Die Frage, ob George einen solchen Auftrag erteilt hat, ist angesichts der Quellen nicht zu entscheiden. Entsprechend vage ist nach Sichtung aller Belege dann auch das Urteil von Fried, Wirtschaftswissenschaftler, S. 270 f mit Anm.86: »Es scheint gar, daß Salz auf einen Wink Georges oder mit dessen Billigung zur Feder gegriffen hat, jedenfalls diesem nicht zum Ärger«.

114 Vgl. zu allen biographischen Details Fried, Wirtschaftswissenschaftler, der ebenfalls das Motiv der Mitte in Salz' Denken hervorhebt.

115 Vgl. Salz' undatierten (1907?) Brief an George, zit. nach Fried, Wirtschaftswissenschaftler, S. 258, Anm. 39: »Für mich wünsche ich nichts sehnlicher als daß von dem Segen den Sie austeilen ein Funken auch auf mein demütiges Haupt falle und daß ich, in den Vorhöfen harrend, nie dahin komme glauben zu müssen, daß Ihr Groll mich Schuldigen treffe!«

116 Vgl. Salz, Ver Sacrum, S. 170 f., wo vom »demütigen Stolz« die Rede ist, »anzugehören einer heiligen Scharr«, sowie von den damit verbundenen »unlösbaren Banden«. Zum Verhältnis des Kreises zum Judentum vgl. Mattenklott/Philipp/Schoeps, Brüder.

117 Fried, Wirtschaftswissenschaftler, S. 269.

118 Vgl. ebd., S. 264 ff. Was Max Weber davon hielt, zeigt der Brief an Edgar Jaffé vom 18.12.1910, zit. nach Weber (1994), S. 748 ff., in dem er ausdrücklich betonte, daß »rein psychologische Fragen [...] nichts, absolut gar nichts mit Nationalökonomie zu schaffen haben.«

119 Vgl. Wolfskehl, Blätter, S. 15: »Der mensch muß wieder maass werden fürs leben, ausdruck werden des lebens«.

120 Salz, Wissenschaft, S. 5 und 11.

121 Ebd., S. 34: »Eine ›neue‹ Wissenschaft [...] wird nicht gemacht und nicht verkündet, am allerwenigsten dadurch, daß man die ›alte‹ Wissenschaft für abgesetzt erklärt, sondern sie wird eines Tages da sein und kommen [...] im unmerklichen Säuseln des lebendigen Hauches. – Diese Auffassung, daß die Wissenschaft nicht gemacht, nicht fabriziert werden kann [...] – heißt uns organisch«.

122 Arist. Phys. 250b27 f.: »κινεῖσθαι μὲν ὅταν ἡ φιλία ἐκ πολλῶν ποιῇ τὸ ἓν ἢ τὸ νεῖκος πολλὰ ἐξ ἑνός, ἠρεμεῖν δ᾽ ἐν τοῖς μεταξὺ χρόνοις« [Empedokles sagt,] »Bewegung sei, wenn die Freundschaft/Liebe aus Vielem

das Eine macht oder der Streit Vieles aus Einem, Ruhe aber sei in den Zeiträumen dazwischen«. Bei Salz fehlt gerade das »κινεῖσθαι μὲν«.

123 Vgl. Gundolf, Wesen.

124 Vgl. Salz, Wissenschaft, S. 5, hier das Physikzitat und die stehende Wendung »amicus Plato, magis amica veritas.« nach EN 1096a11 ff.; ferner S. 12 und 82 (»die Sokratiker Plato und Aristoteles« bzw. »die ›θεωρία‹ Platons und Aristoteles« [Herv. R.P.]) und schließlich S. 37, wo die Ausnahmestellung Melanchthons beschrieben wird, der (ein Aristoteliker!) als Einziger Wissenschaftler und »praeceptor Germaniae" gewesen wäre, während Luther, Nietzsche und George zwar Führer, aber eben keine »Gelehrten« waren. Vgl. zu Melanchthon Petersen, Geschichte, bes. S. 19 ff.

125 Vgl. zur Aristotelesrezeption im Anschluß an Heidegger Gutschker, Diskurse.

126 So Kiel, uomo universale, S. 87, die der Schrift überhaupt nur dadurch eine Bedeutung zugestehen will, daß im Handexemplar Kahlers dessen Berichtigungen der »Fehldeutungen« und »Widersprüche« zu finden seien.

127 Salz, Wissenschaft, S. 5 und 10 f. Vgl. auch S. 93: Kahlers Buch sei das »Dokument einer schönen Menschlichkeit«, bei dem »ein lauterer Verstand, ein vornehmes Herz, ein glühender Bekenner durch unfrommen Zwist mit seiner Zeit auf die falsche Bahn geraten ist«. Wohl aufgrund solcher Abschwächungen kursierte in Heidelberg auch das Bonmot, daß Salz' Schrift letztlich »ohne Salz und ohne Pfeffer« gewesen sei. Vgl. Landmann, Wissenschaft, S. 87.

128 Salz, Wissenschaft, S. 9.

129 Ebd., S. 12 ff.

130 Ebd., S. 14.

131 Ebd., S. 21 f.

132 Vgl. auch zu Folgendem ebd., S. 27 ff.

133 Ebd., S. 29 f.

134 Ebd., S. 31.

135 Ebd., S. 35 ff., 45 ff., 53 ff.

136 Ebd., S. 45: »Doch ich frage mich vergebens, wozu, um dies alles zu leisten [d.i. »lebendige Begriffe« zu schaffen, Wissenschaft auf Erlebnisse zu gründen etc.; R.P.], [...] eine Revolution aller Wissenschaft nötig sein sollte, warum wir uns mit dieser neuen Einstellung nicht als Erben und Verwalter eines Schatzes von Jahrhunderten betrachten dürfen«.

137 Vgl. ebd., S. 81. Zum Beleg verweist Salz darauf, daß es z. B. die »intuitive Methode« schon lange gibt, nur unter Begriffen wie »θεωρία«, »scientia intuitiva« oder »intellektuelle Anschauung«.

138 Ebd., S. 32.

139 Ebd., S. 70 ff., 78 und 80. Vgl. auch S. 91: »Die neue Wissenschaft Kahlers ist Rückkehr ins Mittelalter«.

140 Ebd., S. 52 f. und 54. Vgl. auch S. 93: »nicht Umsturz, sondern Verjüngung« ist dort Salz' Perspektive für die deutsche Wissenschaft.

141 Ebd., S. 54.

142 Der Dichter, der aufgrund der »Leitsätze« zu Begin unschwer mit George identifiziert werden kann (von ihm stammen dort die einzigen Verse), hat bei Salz eine Sonderstellung insofern, als er nicht nur überzeitlich und absolut jenseits des Staates und der Gesellschaft steht, sondern von dort aus auch durch sein »maß-gebendes Wort« beim Einzelnen das Gleichgewicht zwischen Leben und Wissenschaft wiederherstellen und ihm also wahrhaft Führer sein kann. Vgl. ebd. S. 31, 36, 58.

143 Vgl. Salin, Zeugnisse, S. 48, wobei dieser die Absage Georges (um 1920?) an eine »Brücke zwischen der Dichtung und der Wissenschaft« nicht klar zuordnet, so daß sie sich sowohl auf Salz wie auf Kahler oder auch Gundolf beziehen könnte.

144 Vgl. Salz, Wissenschaft, S. 93 f.

145 Vgl. Groppe, Bildung, S. 509, dort auch der Hinweis auf das anwesende Auditorium. Der dort offenbar »lebhaft« geäußerte Widerspruch habe Salin überhaupt nur zur Veröffentlichung veranlaßt. Vgl. Salin, Wirtschaftsgeschichte, S. 188, Anm.1.

146 Vgl. wiederum Groppe, Bildung, S. 507, mit entsprechenden Belegen zu Salin, Utopie.

147 Salin, Wirtschaftsgeschichte, S. 189, mit Anm. 1.

148 Ebd., S. 190.

149 Ebd., S. 193.

150 Ebd., S. 190 und 193.

151 Ebd., S. 195. Die angeführten Beispiele solch intuitiver Schau (»Amerikanisierung« und »Verjudung« der Wirtschaft) sind jedoch weit mehr als unglücklich zu bezeichnen, selbst wenn sie in polemischer Absicht (»Selbst diese Schlagworte treffen mehr geistigen Gehalt als…«) gebraucht wurden.

152 Ebd., S. 195 f. und 201.

153 Besonders betont im Vorwort zu Salin, Utopie S.VIIf.: »Die Darstellung hat anderem Gesetz zu folgen als die Untersuchung«.

154 Man könnte hier noch hinzufügen, daß die ausführliche Bezugnahme auf Boeckh und dessen eher die Differenz der Volksgeister betonendes Konzept natürlich auch den Topos der Wilamowitz-Schelte des Kreises aufnimmt. Vgl. Salin, Wirtschaftsgeschichte, S. 195 f. mit Anm.1: der weitverbreitete Glaube, »man könne sich die Antike ›gar nicht modern genug‹ vorstellen«.

4. Revolution der Wissenschaft und »konservative Revolution«

1 So in Krieck, Revolution der Wissenschaft; ders., Revolution von Innen; ders., Sinn der Wissenschaft; ders., Bild der Wirtschaft; ders., Wissenschaft als Mythos; sowie dann noch einmal retrospektiv ders., Wissenschaftslehre.

2 Zu den Binnendifferenzierungen dieses problematischen Konstrukts vgl. zuerst Mohler, Revolution; und dann kritisch dazu Breuer, Anatomie.

3 Mohler, Revolution, S. 480 ff.

4 Hojer, Nationalsozialismus, S. 4.

5 Lichtblau, Kulturkrise, S. 447.

6 Müller, Wissenschaftslehre, S. 56.

7 Vgl. die späteren Apologien seines Weges zum NS in Krieck, Neuidealismus; oder ders., Mein Weg, S. 386, wo es nicht unbescheiden heißt: »Wenn der akademische Nachwuchs die Ideengeschichte des Nationalsozialismus darstellen wird, so muß dabei einmal der sehr nahe Zusammenhang meiner staatlichen und politischen, meiner wirtschafts- kultur- und rechtspolitischen Lehren von damals mit dem Programm des Nationalsozialismus und dem Geschehen in unseren Tagen herausgearbeitet werden«.

8 Vgl. dazu Hübinger, Versammlungsort; Heidler, Verleger; und Ulbricht, Romantik, bes. 36–59.

9 Nach Mohler, Revolution, S. 141 waren die Jungkonservativen noch die »zivilste« Gruppe innerhalb der »konservativen Revolution«. Vgl. dazu Krieck, Revolution von Innen, S. 671: »Die herankommende deutsche Revolution ist die konservative Revolution, und der Radikalkonservative ist der führende Typus des künftigen Menschentums«.

10 Vgl. Müller, Wissenschaftslehre, S. 33. Zu Webers Wirkung auf Krieck während Tage auf der Burg Lauenstein vgl. Heuss, Erinnerungen, S. 214 f.

11 Vgl. die Rückblicke bei Krieck, Weltanschauung, S.V und ders., Wissenschaftsideologie, S. 229, Anm.1.

12 Dafür daß Kriecks Broschüre sogar noch vor Kahlers BdW erschienen sein muß, spricht neben der nachträglichen Bezugnahme auf Kahler (vgl. Krieck, Revolution von Innen, S. 669 f.) auch die erste Rezension Kriecks im Berliner »Tag« vom 29.8.1920 (G.Budde), während Kahlers Schrift frühestens im Oktober ausgeliefert wurde.

13 Vgl. Müller, Wissenschaftslehre, S. 46 ff.

14 Vgl. Krieck, Revolution von Innen, S. 669, ders., Bild der Wirtschaft, S. 629 und ders., Wissenschaft als Mythos, S. 741.

15 Ders., Revolution in der Wissenschaft, S. 22 f. und ders., Revolution von Innen, S. 669 f.

16 Vgl. ders., Revolution in der Wissenschaft, S. 1–21. Besonders genüßlich geschieht dies an der »Intellektuellenkultur« (S. 6 ff.), deren Protagonist, die bis auf die Knochen »zersetzende«, »zeugungslose« und kalt-verstandesmäßige »Literatenclique«, der eigentliche »Träger des Verfalls« sei.

17 Ders., Revolution von Innen, S. 669 f. Vgl. auch ders., Sinn der Wissenschaft, wo die Position Kahlers noch einmal gegenüber Weber und der bloß »epigonalen« Schrift von Salz herausgehoben wird.

18 Ders., Revolution der Wissenschaft, S. 24 ff.

19 So in ders., Wissenschaftsideologie, S. 299.

20 Ders., Revolution von Innen, S. 670.

21 Ebd., S. 670 f. Die einer gewissen Komik nicht entbehrende Parole liefert Krieck gleich mit, sie lautet: »freie Bahn dem organischen Wachstum«!

22 Ders., Bild der Wirtschaft, S. 630 f. Vgl. auch ders., Revolution der Wissenschaft, S. 45 ff.

23 Ders., Revolution der Wissenschaft, S. 11 ff.

24 Ebd., S. 45 und 56 ff. Wie stark dabei das Motiv der Einheit (gegenüber dem Chaos der alles auflösenden Vernunft) und die Hoffnung auf die Erziehung ist, zeigt ebd., S. 30: »Wir brauchen eine einige, führende Idee und Männer: alles andere ergibt sich dann von selbst«.

25 Ders., Wissenschaftslehre, S. 238.

26 Vgl. schon Lichtblau, Kulturkrise, S. 447 und Hojer, Nationalsozialismus, S. 82 f.: Kriecks Pädagogik gehöre aufgrund ihrer »vulgären und flachen Lebensphilosophie« nicht in eine Reihe mit den klassischen Denkern in Philosophie und Pädagogik, wiesen diese doch zu ihm einen »beträchtlichen Niveauunterschied« auf.

27 Kriecks »Revolution der Wissenschaft« erlebte allein 1920/21 10 größtenteils zustimmende Rezensionen. Vgl. exemplarisch G.v.Selle in: Die Hochschule 4,11 (1921), S. 329: »Man wird heute mit Fug und Recht von einer Entthronung der Wissenschaft reden können. […] Der Weg, den sie [sc. zur Umkehr; R.P.] zu gehen hat, bildet den Inhalt der gehaltvollen Schrift Kriecks«.

28 Vgl. Dietrich, Wissenschaftskrisis, S. 148 und 172.

29 Tatsächlich dominiert auch hier ein zuweilen bis zum Überdruß »erregter und übersteigerter Stil mit häufigen Abschweifungen«, den dann auch die Gutachter im letztlich gescheiterten Habilitationsverfahren monierten. Vgl. Tillitzki, Universitätsphilosophie, S. 898.

30 Das Urteil Lichtblaus, Kulturkrise, S. 448 f., daß hier »auf recht hohem intellektuellen Niveau« und »in einer recht differenzierten Weise« die Bildungskrise analysiert würde, überschätzt den Gehalt des Textes m. E. aber bei weitem.
31 Dietrich, Wissenschaftskrisis, S. 148 f.
32 Ebd., S. 149 ff. Die Enttäuschung infolge übersteigerter Erwartung benennt auch Salz, Wissenschaft, S. 10 als eine Ursache der modernen Krisenwahrnehmung.
33 Ebd., S. 152 f.
34 Ebd., S. 154 f. Schließlich, so Dietrichs Verteidigung, habe man es hier nicht nur mit einem Untersuchungsgegenstand zu tun, sondern mit einer regelrechten »Gegenstandshäufungsstelle« (sic), bei der jede »Scheinklarheit« vermieden werden müsse. Wenn er also dunkel, unklar und unverständlich erscheine, dann liege dies an der schon »an sich überreichen Denkaufgabe« und entspreche überhaupt der »Tiefsinnigkeit des alten deutschen Denkens«.
35 Hier nennt Dietrich (Ebd., S. 155): Reformation und Gegenreformation, Aufklärung und Romantik, Revolution und Restauration, Idealismus und Realismus, Mystizismus und Ökonomismus sowie Mechanik und Historik.
36 Ebd.
37 Dietrich, der den »Krisendichtungen« ursprünglich ja nichts hinzufügen wollte, kommt in seiner Krisendihairäse auf letztlich 10 Aspekte allein der Wissenschaftskrise, nämlich auf eine: Schätzungs-, Täuschungs-, Verdrängungs-, Bildungs-, Erschöpfungs-, Klärungs-, Maßstabs-, Einheits- sowie Dauer- und Augenblickskrise!
38 Ebd., S. 156. Zu Simmel, den Dietrich als den »typischen Träger und das typische Opfer« der Krise bezeichnet, vgl. ebd., S. 156–159.
39 Ebd., S. 160 f.
40 Ebd., S. 161: »Denn was sie [Marx, Spengler, Steiner; R.P.] an Erwartung an diese ihre ›neue‹ Wissenschaft hineinlegen, das breitet Max Weber an enttäuschender Ernüchterung über die ›alte‹ Wissenschaft aus, das heißt soweit sie und solange sie Weltanschauungsansprüche erhebt«.
41 Ebd., S. 161 f.
42 Vgl. Kahler, BdW, S. 49 f.
43 Dietrich, Wissenschaftskrisis, S. 162: »Und das soll Entzauberung der Welt sein?«
44 Ebd.
45 Anders als auf »soziologischer« Ebene ist die »axiologische« Unmöglichkeit wertfreier Wissenschaft von Weber ja gerade nicht bestritten worden, da doch immer wenigstens Kulturbedeutung zugeschrieben werden müsse.

46 Soweit ich sehe, gibt es bei Weber nur eine Äußerung, in der positiv auf eine »politische Wissenschaft« bezuggenommen wird, dort allerdings i.S. einer »Dienerin der Politik«; vgl. PS, S. 20 (»Der Nationalstaat und die Volkswirtschaftspolitik« von 1895).

47 Dietrich, Wissenschaftskrisis, S. 163 f. Hier handele es sich nämlich um die »echte Problemhäufungsstelle«, deren »tiefgründigem Verflechtungszusammenhang« wenn überhaupt, dann nur durch »jahrelanges Nachdenken beizukommen« sei!

48 Ebd., S. 164 ff.

49 Ebd., S. 172.

50 Zu den politischen Schriften Dietrichs vgl. Tillitzki, Universitätsphilosophie, S. 900 ff.

51 Vgl. Breuer, Anatomie, S. 78.

5. Die Antwort der »alten« Wissenschaft

1 Spranger, Wissenschaft als Beruf.

2 So Krieck, Wissenschaftslehre, S. 239, als er nochmals auf die Antworten Troeltschs und Sprangers replizierte.

3 Troeltsch, Revolution in der Wissenschaft, S. 645 und 675.

4 Vgl. ders., Die Krisis des Historismus, S. 437. Zur »Krisis des Historismus« vgl. bereits ders., Die Krisis der Geschichtswissenschaft sowie ders., Der Historismus und seine Probleme.

5 Troeltsch, Revolution in der Wissenschaft, S. 665. Vgl. auch schon ders., Die geistige Revolution, S. 231 ff. Auffällig ist dabei, daß er Kriecks damals ja nicht unprominente Schrift mit keinem Wort erwähnt, was dieser sehr genau registrierte und offenbar auch später nicht verwunden zu haben schien. Vgl. Krieck, Wissenschaftslehre, S. 238: »Die Schrift [Kriecks: »Die Revolution der Wissenschaft«; R.P.] lag den Professoren schwer im Magen. […] Die Losung schlug aber durch, als im folgenden Jahr einer der ›bewiesenen‹ Professoren, Troeltsch, einfach dem Volksschullehrer den Titel der Schrift wegnahm und ihn wortlos als ›Revolution in der Wissenschaft‹ über seine eigene Arbeit setzte. Darin hat er sich mit allem nur Erdenkbaren auseinandergesetzt, nur nicht mit der Schrift, der er seinen Titel ›entlehnt‹ hat.«

6 Eine der wenigen Ausnahmen, die die allgemeine Wissenschaftskrise auch auf Naturwissenschaften und Technik ausweitet, ist Hugo Dingler, Zusammenbruch. Vgl. dazu Ash, Krise.

7 Troeltsch, Revolution in der Wissenschaft, S. 655–658. So in ähnlichen Formulierungen auch in ders., Die geistige Revolution, S. 231.

8 Ders., Revolution in der Wissenschaft, S. 658

9 Ebd., S. 658 ff.
10 Ebd., S. 659.
11 Ebd., S. 661 und 663. Eine hieran anschließende Deutung des George-Kreises und seiner Methoden aus der Perspektive eines ev. Kirchenhistorikers findet sich bei Böhmer, Die Revolution in der Wissenschaft und die Theologie.
12 Vgl. Troeltsch, Revolution in der Wissenschaft, S. 664–667.
13 Ebd., S. 665 f. und 668.
14 Vgl. Graf, Kierkegaards, S. 178 f.
15 Troeltsch, Revolution in der Wissenschaft, S. 675.
16 Ebd., S. 668.
17 Ebd., S. 672.
18 Ebd., S. 671.
19 Vgl. auch zum Folgenden ebd., S. 672 f.
20 Notwendig sei vielmehr eine »neue Berührung von Historie und Philosophie«, vgl. Troeltsch, Die Krisis des Historismus, S. 454 f. Zur Kultursynthese bei Troeltsch vgl. Fleischer, Geschichte; zur Abgrenzung dieses Konzepts gegen Weber vgl. Tönnies, Tröltsch, S. 182 ff.; und Graf, Wertkonflikt, S. 273 ff.
21 Troeltsch, Revolution in der Wissenschaft, S. 676 f.
22 Ebd., S. 677.
23 Ebd., S. 656 und ders., Die Krisis des Historismus, S. 450 f.
24 Vgl. Holzhey, Neukantianismus, Sp. 751, und Sternberg, Neukantianismus.
25 Salz, Wissenschaft, S. 40.
26 Vgl. Curtius, Weber, S. 202, Kahler, BdW, S. 16 ff. oder Krieck, Revolution der Wissenschaft, S. 20 ff. sowie kritisch dazu Becker, Wesen.
27 Vgl. etwa Troeltsch, Der Historismus und seine Probleme, S. 565 ff. oder Honigsheim, Max-Weber-Kreis.
28 Zu Biographie und intellektuellem Werdegang Cohns vgl. Heitmann, Jonas Cohn.
29 Cohn, Erkenntnis, S. 195 ff. Vgl. auch ebd., S. 202 ff.
30 Ebd., S. 198 ff.
31 Ebd., S. 199 f.
32 Ebd.
33 Ebd., S. 201: »Gerade wenn einem noch Max Webers mächtige Stimme im Ohre tönt, klingt diese Sprache Kahlers trotz ihrer Erregtheit in ihrer hieratischen Pracht lebensfern. Man fühlt sich, wenn man ihn liest, dem lauten Getriebe enthoben und in eine vornehme Bibliothek versetzt.«
34 Ebd., S. 214 f.
35 Ebd., S. 219 ff.

36 Ebd., S. 225 f. Zu der damit verbundenen Abkehr Cohns von Kant vgl. Schäfer, Halbierte Desillusionierung.
37 Vgl. Cohn, Wertwissenschaft; sowie dazu Heitmann, Jonas Cohn, S. 187 ff.
38 Rickert, Das Leben der Wissenschaft und ders., Max Weber. Zum »Logos« als dem Organ der Selbstverständigung des philosophischen Heidelbergs und hier auch der »alten« Wissenschaft vgl. Kramme, Philosophische Kultur.
39 Vgl. Rickert, Die Philosophie des Lebens.
40 Vgl. ders., Das Leben der Wissenschaft, S. 157.
41 Ebd., S. 160.
42 Ebd., S. 162–172 und 184–186.
43 Ebd., S. 171 f. und 187 f.
44 Zu solchen Würdigungen vor allem der Person gehören etwa Hellmann, Max Weber; Voegelin, Über Max Weber; Liebert, Max Weber Michels, Bedeutende Männer oder Gerhardt, Max Weber. Zwar ist die (durchaus ambivalente) Bedeutung Marianne Webers für die Rezeption ihres Mannes in den letzten Jahren stärker ins Blickfeld der Weber-Forschung geraten (vgl. v. a. Radkau, Leidenschaft), doch eine Untersuchung des »Lebensbildes« und seiner Folgen steht m. E. noch aus.
45 Vgl. Rickert, Max Weber, S. 230 f.
46 Ebd.
47 Ebd., S. 232 f.
48 Ebd., Vgl. Weber, WaB, S. 88.
49 Ebd., S. 234 f.
50 Vgl. Curtius, Max Weber, S. 203.
51 Rickert, Max Weber, S. 236 f.
52 Scheler, Weltanschauungslehre und ders., Ausschaltung. Vgl. dazu auch Lichtblau, Kulturkrise, S. 458 ff.
53 Vgl. Kahler, BdW, S. 79 und Troeltsch, Revolution in der Wissenschaft, S. 666.
54 Scheler, Weltanschauungslehre, S. 17.
55 Scheler verweist hier auf Radbruchs dezidiert relativistische »Rechtsphilosophie« (vermutl. dessen »Grundzüge der Rechtsphilosophie« von 1914) sowie auf Jaspers aus Vorlesungen entstandene »Psychologie der Weltanschauungen« von 1919. Erst Radbruch, Referat, S. 35 wird dann positiv auf Weber und die Kernthesen des Vortrags bezug nehmen.
56 Scheler, Weltanschauungslehre, S. 13 und 15 sowie ders., Ausschaltung, S. 433 ff.
57 Ders., Weltanschauungslehre, S. 17 f. und ders., Ausschaltung, S. 430.
58 Ders., Ausschaltung, S. 431 f.

59 Ders., Weltanschauungslehre, S. 16 f. und 19 ff.

60 Allerdings scheint es, als habe Scheler hier weniger Weber, als vielmehr Jaspers vor Augen gehabt. Verweist doch die Auseinandersetzung mit der Möglichkeit einer bloß deskriptiven Weltanschauungslehre und deren Abgrenzung gegenüber »prophetischer Philosophie« (Ebd., S. 19 f.) eher auf Jaspers (Psychologie der Weltanschauungen) als auf Weber; vgl. etwa WuG, S. 254, wo die Häupter der auch von Scheler angeführten Philosophenschulen gerade von der »Prophetie« in seinem Sinne abgegrenzt werden.

61 Scheler, Ausschaltung, S. 432 f.

62 Ders., Weltanschauungslehre, S. 15 und 25 f.

63 Zur an Dilthey orientierten »geisteswissenschaftlichen Pädagogik« vgl. allgemein Huschka-Rhein, Das Wissenschaftsverständnis. Spranger selbst hat dagegen immer nur die Bezeichnung »philosophische Pädagogik« verwendet; vgl. Bollnow, Eduard Spranger, S. 37.

64 Vgl. Litt, Berufsstudium; und noch einmal ders., Erkenntnis, S. 1 ff. und 206 ff.

65 Vgl. aus dem umfangreichen Schrifttum zu diesem Komplex etwa Becker, Gedanken zur Hochschulreform; Below, Soziologie; oder Tönnies, Hochschulreform.

66 Litt, Berufsstudium, S. 6.

67 Sieht man ab von einigen praktischen Vorschlägen sowie vom humanistischen Bildungsidealismus als der normativen Grundlage seiner Gedanken, dann bleibt eine auffallende Parallelität sowohl hinsichtlich der behandelten Topoi wie der Argumentation: Beginn mit den äußeren Bedingungen des Studiums, der unabwendbaren Spezialisierung und dem Verweis auf die »Amerikanisierung« (ebd., S. 8 ff.); Begegnung der Forderung nach »Erlebnissen« in der Wissenschaft mit dem Verweis auf die vorhandenen »Einfälle« (S. 14 f.); Verweis auf die oft einseitige Begabung der Hochschullehrer (S. 23); eigene »Klarheit« und die »Feuerprobe gedanklicher Rechtfertigung« durch Philosophie als der Betrag der Universität zur Bildung (S. 36, 48); Ablehnung jeglicher »Predigt und Prophetie« in der Universität gerade aus »Ehrfurcht« vor dem Leben (S. 39 f.).

68 Ebd., S. 8 – 10.

69 Ebd., S. 10 f.

70 Ebd., S. 14 ff.

71 Ebd., S. 23 f.

72 Ebd., S. 27 f. Zum Plan einer »humanistischen Fakultät«, die ähnlich einem »Studium generale« zur Allgemeinbildung und »Weltanschauungsformung« beitragen sollte vgl. programmatisch Mahrholz, Die humanistische Fakultät; oder Selle, Die humanistische Fakultät.

73 Litt, Berufsstudium, S. 28.

74 Erste Ansätze einer solchen Philosophie sieht Litt bei Dilthey, Windelband, Simmel, Troeltsch oder Spranger, doch bleibt es hier insgesamt bei eher vagen Andeutungen einer Wertphilosophie. Vgl. ebd., S. 31 ff. und 50.

75 Ebd., S. 35 f. und 38.

76 Ebd., S. 38 ff., bes. S. 40: »Predigt und Prophetie sind nicht ihre [d.i. die Universität; R.P.] Aufgabe.«

77 Vgl. ebd., S. 48, Anm. 2: »Was M. Weber [in WaB; R.P.] der ›Wissenschaft‹ als letzte Aufgabe zuweist, das ist recht eigentlich Sache einer in unserem Sinne aufgefaßten Philosophie der Kulturwerte und ihrer Realisationsbedingungen.«

78 Ebd., S. 40.

79 Ebd., S. 48 ff.

80 Vgl. ders., Erkenntnis, S. 209 f., Anm. 1, wo er in der Beurteilung der Debatte ganz Troeltsch und Spranger beipflichtet.

81 Vgl. die Berichte zum 2. Deutschen Studententag (hg. vom Deutschen Studententag 2. Jg. (1920)), in denen ebenfalls jeweils die Persönlichkeit als Ziel der universitären Bildung herausgestellt wird.

82 Vgl. Litt, Möglichkeiten, S. 105 ff. und 126 ff. sowie Ritzel, Philosophie, S. 114 ff.

83 Vgl. trotz der teilweise apologetischen Haltung gegenüber Krieck Müller, Wissenschaftslehre, S. 368 ff. Daß sich Spranger wie auch andere Gegner Kriecks (darunter Cohn, Litt oder Kerschensteiner) dennoch 1931 für ihn und gegen seine »Strafversetzung« einsetzten, ändert nichts an der Gegnerschaft, sondern geschah allein aus Sorge um die allgemeine Lehrfreiheit, die sie hier durch das Ministerium verletzt sahen; vgl. ebd., S. 93 f. Die »äußerst freundliche« Haltung Müllers, der allen Ernstes erklärt, Kriecks Ziele seien immer die »offene Gesellschaft, eine kritische Öffentlichkeit und eine Demokratisierung von Wissenschaft und Hochschule« gewesen (ebd., S. 445), moniert auch Heiber, Universität, S. 450.

84 Vgl. Spranger, Hochschule, S. 388. In einem Brief an Friedrich Meinecke vom 26.5.1951 (zit. nach ebd., S. 465) schreibt Spranger rückblickend sogar, daß im Hinblick auf die »Bildungsfunktion« der Universität, Webers Rede »der *Sündenfall in höchster Potenz* [Herv. R.P.]« gewesen sei. »Diese Art Wertneutralität läßt uns heute erstarren.«

85 Spranger bekennt sich hier wiederholt zum sog. »Dritten Humanismus«; vgl. die Vorrede sowie die Widmung in Spranger, Stand. Zum Inhalt dieses wesentlich traditionalistischen und elitären Ideals vgl. programmatisch Jaeger, Humanismus.

86 Spranger, Wissenschaft als Beruf. Sprangers Rede über »Den gegenwärtigen Stand der Geisteswissenschaften und die Schule« ist zwar

bereits im September 1921 gehalten worden, wurde aber erst 1922 veröffentlicht.

87 Vgl. Spranger, Stand, S. 49 f.

88 Spranger, Wissenschaft als Beruf: »Wissenschaft als Beruf ist keine Fabrikarbeit.« Vgl. Weber, WaB, S. 79.

89 Vgl. Sprangers »Gegengutachten« in Nau, Werturteilsstreit, S. 122–146. Zur Entwicklung und teilweisen »Aufweichung« der Position Webers im Verlauf der Diskussion vgl. Keuth, Wissenschaft, S. 36 f.

90 Spranger, Stand, S. 39–47, hier S. 46 f.

91 Ebd., S. 43 f.

92 Ebd., S. 45 f.

93 Ebd., S. 47.

94 Spranger, Voraussetzungslosigkeit, S. 3 und 7.

95 Ebd., S. 9, 19 ff. und 29 f.

96 Vgl. ders., Stand, S. 50 f.

6. Epilog einer Debatte – Die »kämpfende Wissenschaft«

1 Vgl. etwa Herrigel, Denken, S. 108–120 oder in der Blättergeschichte von Wolters, Stefan George, S. 470 ff.

2 Vgl. schon Krieck, Bildungssystem, S. 122, der beides nicht ohne Bedauern konstatierte.

3 Wolf, Kritizismus, S. 360.

4 Vgl. v. a. Jaspers, Forscher; der, wie er in der Vorbemerkung zur 2. Auflage schreibt, »im Ansturm des Nationalsozialismus« mit Max Weber »an echte deutsche Größe erinnern« wollte.

5 Vgl. Spranger, Voraussetzungslosigkeit, S. 3; Steding, Politik; oder Krieck, Wissenschaftsideologie.

6 Vgl. Krieck, Wissenschaftsideologie, S. 299.

7 Geprägt wurde das Schlagwort von der »kämpfenden Wissenschaft« von Frank, Kämpfende Wissenschaft. Othmar Spanns Aufsatzsammlung desselben Titels ist in dieser Hinsicht dagegen völlig unergiebig: weder taucht der Titel irgendwo im Text auf, noch dürfte es ein Zitat Franks sein, der ihn bald scharf bekämpfen sollte; vgl. Heiber, Reichsinstitut, S. 655.

8 Auch wenn aus den Reihen von Franks Instituts eine »Lösung« der Krise durch die »kämpfende Wissenschaft« behauptet wurde (vgl. Schröder, Geschichtsschreibung, S. 95), wird man sich doch hüten müssen, diese als *offizielle* Wissenschaftsideologie des Nationalsozialismus zu betrachten, war doch dessen »Lehre« selbst zu inkonsistent, als daß die Festlegungen hier über taktische Stellungnahmen hinausgehen konnten. Zur Gemengelage aus sachlichen Differenzen

und persönlichem Ressentiment vgl. Heiber, Reichsinstitut, S. 580 ff., der diese an der Konstellation Krieck-Rosenberg-Frank sehr anschaulich macht.

9 Vgl. Krieck, Wissenschaftslehre; ders., Nationalpolitische Erziehung, und v. a. ders., Wissenschaftsideologie.

10 Vgl. Klingemann, Soziologie, S. 171–216; und Radkau, Leidenschaft, S. 846 ff.

11 Krieck, Wissenschaftsideologie, S. 299: »Die Niederlage Max Webers, des großen liberalen Fechters, hat den Untergang der positivistischen und neukantianischen Wissenschaftsideologie besiegelt.«

12 Ebd., Anm.1.

13 Vgl. auch Krieck, Objektivität, S. 32 f.

14 Ders., Wissenschaftsideologie, S. 300.

15 Ebd.

16 Vgl. Heiber, Reichsinstitut, S. 675 f., der diese Schwäche Franks für »Tinten-Furiosi für Gewehr und Kanone« genüßlich seziert. Schröder, Geschichtsschreibung als politische Erziehungsmacht, S. 147 f. feierte dagegen noch Franks soldatische Sprache als Durchbruch zu neuem künstlerischen Stil.

17 Frank, Kämpfende Wissenschaft, S. 15, 25 und 33 f. Als ideologische Grundlage, auf der die »kämpfende Geschichtswissenschaft« diese Front eröffnen wollte, diente dabei noch vor allem anderen die »Rassenfrage«; vgl. Schröder, Geschichtsschreibung, S. 136 sowie dazu Hömig, Zeitgeschichte, S. 363 ff.

18 Vgl. Franks »Ein Denkmal« in Steding, Das Reich; sowie dazu Heiber, Reichsinstitut, S. 501 ff. und Klingemann, Soziologie, S. 199 ff.

19 Steding, Politik, S. 3 und 7 f. Kaum weniger verworren ist die Haltung in Stedings von Frank posthum herausgegebenen opus magnum über »Das Reich und die Krankheit der europäischen Kultur«, wo Weber einerseits als »reichsfremd« betrachtet wird (S. 491), in Franks Einleitung jedoch zu einem Vorgänger im Kampf gegen die »üblichen ›bürgerlichen‹ Weisen der Existenz« stilisiert wird (S. XVII).

20 Vgl. Klingemann, Soziologie, S. 202 f.

21 Vgl. zu Rößners »Karriere« Wildt, Generation, S. 386 ff. Auch bei Rößner gibt es dabei eine gewisse Kontinuität in der Auseinandersetzung mit Webers Vortrag, hat er doch wie andere spätere Mitarbeiter des Reichssicherheitshauptamtes 1930 an der Wertheimer Tagung zu »Student und Staat« teilgenommen, auf der Webers Vortrag schon einmal Diskussionspunkt war und scharf attackiert wurde; vgl. ebd. S. 115 ff. sowie die Berichte über die Tagungen in Miltenberg und Wertheim 1929 und 1930, Universitätsarchiv Leipzig, Rep. III/IV 134 Bd. 4 und 5.

22 Rößner, Georgekreis, Vorbemerkung. Die erste Attacke gegen den George-Kreis ritt Rößner schon 1936, dort allerdings unter der Parole »Befreiung vom Humanismus«; vgl. ders., Dritter Humanismus.
23 Rößner, Georgekreis, S. 1 und 11 f.
24 Ebd., S. 111 f.
25 Ebd., S. 113 f.
26 Ebd., S. 215 und 217.
27 Hömig, Zeitgeschichte, S. 370.
28 So etwa bei den von Frank angestoßenen Auseinandersetzungen um die »historische Reichskommission«; vgl. Heiber, Reichsinstitut, S. 172 ff.; und Haar, Historiker, S. 223 ff.
29 Wildt, Generation.
30 Vgl. Lützeler, Vom Beruf, S. 5 und 7 f.
31 Vgl. auch zum Folgenden Gadamer, Wissenschaft als Beruf. Im selben Jahr erscheint dieser Aufsatz dann (nicht unbedeutend) gekürzt noch einmal (ders., Ruf und Beruf), wobei nicht gesagt werden kann, ob diese Kürzungen durch Gadamer selbst oder durch den Herausgeber der Deutschen Presse-Korrespondenz vorgenommen wurden. Vgl. zu diesem Aufsatz Gadamers auch Orozco, Gewalt, S. 202–208; wenngleich deren Analyse in der Absicht, einen »Fall Gadamer« produzieren zu wollen, hier jegliches hermeneutisches Geschick vermissen läßt.
32 So legt es Orozco, Gewalt, S. 199 ff. nahe, da Gadamer hier trotz der drohenden Kriegsniederlage noch zu Reform und Modernisierung des NS-Wissenschaftsbetriebes aufrufe.

7. Fazit

1 Bis 1923 waren 29 Texte aus dem Umfeld der Debatte veröffentlicht (1919:5, 1920:7, 1921:7, 1922:7, 1923:3), danach kamen erst wieder ab 1925/26 Beiträge hinzu.
2 Kracauer, Wissenschaftskrisis, S. 197.
3 Ebd., S. 203.
4 So explizit bei Herrigel, Denken, S. 108. Daß Weber und die anschließende Diskussion um seinen Vortrag typische oder exemplarische Bedeutung für die Situation der Zeit hätten, wurde in der Debatte selbst mehrfach sogar von denen betont, die nicht sofort »aufs Ganze« zu gehen geneigt waren; vgl. Scheler, Ausschaltung, S. 15; Troeltsch, Revolution in der Wissenschaft, S. 675 f.; oder Wolf, Kritizismus, S. 360.
5 Auffällig ist, daß der Debatte mit Ausnahme einer Rezension im »Vorwärts« (vom 2.12.1920 durch R[aoul Heinrich?] Francé) von

Links keine nachweisbare Beachtung geschenkt wurde, obgleich ja etwa Lukács oder Bloch häufige Gäste im Hause Webers waren.

6 Am Umfangreichsten geschieht dies noch in den Vorlesungen Georg Burckhardts, Weltanschauungskrisis, S. 186 ff.; der neben Weber und Kahler auch Cohn, Spranger und Scheler heranzieht. Den kleinsten Ausschnitt macht dagegen Wittenberg, Wissenschaftskrisis, der nur Spranger und Scheler unmittelbar auf Weber antworten läßt. Die übrigen Darstellungen und Beiträge greifen dann v.a. Weber/Kahler/Salz oder Weber/Krieck sowie Troeltsch oder Curtius auf.

7 Dietrich, Wissenschaftskrisis, S. 152.

8 Vgl. Lichtblau, Kulturkrise S. 430 f.

9 Jaspers, Gedenkrede, S. 3; und ders., Forscher, S. 42 ff.

10 Vgl. WaB, S. 104 f.

11 So die treffende Überschrift bei Plessner, Nation, S. 162 ff.

Quellen- und Literaturverzeichnis

Abkürzungen

BdW Kahler, Erich von: Der Beruf der Wissenschaft, Berlin 1920.
JB Gundolf, Friedrich/Wolters, Friedrich (Hg.): Jahrbuch für die geistige Bewegung, 3 Bde., Berlin 1910 - 1912.
KSA Nietzsche, Friedrich: Kritische Studienausgabe, hg. von Giorgio Colli und Mazzino Montinari, 15 Bde., München [2]1988.
RS Weber, Max: Gesammelte Aufsätze zur Religionssoziologie 3 Bde., Tübingen 1920.
WaB Weber, Max:. Wissenschaft als Beruf, Politik als Beruf, hg. von Wolfgang J. Mommsen und Wolfgang Schluchter, Tübingen 1992 (Gesamtausgabe I/17).
WL Weber, Max: Gesammelte Aufsätze zur Wissenschaftslehre, hg. von Marianne Weber, Tübingen 1922.
WuG Weber, Max: Wirtschaft und Gesellschaft, hg. von Marianne Weber, Tübingen [3]1947.

Quellen

Bäumler, Alfred: Bildung, in: Ders., Bildung und Gemeinschaft, Berlin 1942, S. 111 - 116.

Becker, Carl Heinrich: Kant und die Bildungskrise der Gegenwart, Leipzig 1924.

–: Gedanken zur Hochschulreform (1919), in: Ders., Internationale Wissenschaft und nationale Bildung. Ausgewählte Schriften. Hg. von Guido Müller, Köln 1997, S. 180 - 223.

–: Vom Wesen der deutschen Universität (1924), in: Ders., Internationale Wissenschaft und nationale Bildung. Ausgewählte Schriften. Hg. von Guido Müller, Köln 1997, S. 305–328.
–: Das Problem der Bildung in der Kulturkrise der Gegenwart (1930), in: Ders., Internationale Wissenschaft und nationale Bildung. Ausgewählte Schriften. Hg. von Guido Müller, Köln 1997, S. 406–422.
Below, Georg von: Soziologie als Lehrfach. Ein kritischer Beitrag zur Hochschulreform, München, Leipzig 1920.
Benz, Richard: Über den Nutzen der Universitäten für die Volksgesamtheit und die Möglichkeit ihrer Reform, Jena 1920.
Birnbaum, Immanuel: Erinnerungen an Max Weber (Winter-Semester 1918/19), in: König, René/Winckelmann, Johannes: Max Weber zum Gedächtnis, Köln, Opladen 1963, S. 19–21 (Kölner Zeitschrift für Soziologie und Sozialpsychologie, Sonderheft 7).
Birnbaum, Immanuel: Achtzig Jahre dabeigewesen. Erinnerungen eines Journalisten, München 1974.
Boehm, Max Hildebert: Der Sinn der humanistischen Bildung, Berlin 1916.
Böhmer, [Heinrich]: Die Revolution in der Wissenschaft und die Theologie, in: Allgemeine Evangelisch-Lutherische Kirchenzeitung 59 (1926), S. 700–704 u. 724–728.
Burckhardt, Georg: Weltanschauungskrisis und Wege zu ihrer Lösung Bd.1, Leipzig 1925.
Cohn, Jonas: Die Erkenntnis der Werte und das Vorrecht der Bejahung, in: Logos 10 (1921), S. 195–226.
–: Wertwissenschaft, Stuttgart 1932.
Curtius, Ernst Robert: Max Weber über Wissenschaft als Beruf, in: Die Arbeitsgemeinschaft. Monatsschrift für das gesamte Volkshochschulwesen 7 (1920), S. 197–203.
–: Deutscher Geist in Gefahr, Stuttgart, Berlin 1932.
Dietrich, Albert: Wissenschaftskrisis, in: Moeller van den Bruck, Arthur/Gleichem, Heinrich von/Boehm, Max Hildebert (Hg.): Die neue Front, Berlin 1922, S. 148–172.
Dilthey, Wilhelm: Der moderne Mensch und der Streit der Weltanschauungen, in: Ders.: Gesammelte Schriften VIII, Göttingen 1960, S. 227–235.
Dingler, Hugo: Der Zusammenbruch der Wissenschaft und der Primat der Philosophie, München 1926.
Frank, Walter: Kämpfende Wissenschaft, Hamburg 1934.
–: Historie und Leben. Rede zur Eröffnung des Erfurter Historikertages am 5.7.1937, Hamburg 1937.
–: Zunft und Nation. Rede zur Eröffnung des »Reichsinstituts für Geschichte des neuen Deutschlands«, Hamburg 1935.

Franz, Wolfgang: Rez. zu Max Weber: Wissenschaft als Beruf, Erich von Kahler: Der Beruf der Wissenschaft, Arthur Salz: Für die Wissenschaft, in: Zeitschrift für Volkswirtschaft und Sozialpolitik NF II (1922), S. 182–184.

Freyer, Hans: Zur Bildungskrise der Gegenwart, in: Die Erziehung 6 (1931), S. 597–626.

Gadamer, Hans-Georg: Wissenschaft als Beruf. Über den Ruf und Beruf der Wissenschaft in unserer Zeit. In: Leipziger Neueste Nachrichten Nr. 270 vom 27.09.1943, S. 3.

Gadamer, Hans-Georg: Ruf und Beruf der Wissenschaft. In: Deutsche Presse-Korrespondenz Nr. 43 vom 28.10.1943, S. 4–6.

Gadamer, Hans-Georg: Philosophische Lehrjahre, Frankfurt/M. 1977.

Gerhardt, Johannes: Max Weber, in: Zeitwende 4 (1928), S. 139–152.

Griesinger, R.: Wissenschaft und Jugendbildung, in: Deutsches Philologenblatt 34 (1926), S. 610–616.

Grüneberg, Horst: Das Ende der Wissenschaft? (1929), in: Meja, Volker/ Stehr, Nico (Hg.): Der Streit um die Wissenssoziologie II, Frankfurt 1982, S. 616–632.

Gundolf, Friedrich: Vorbilder, in: JB III, (1912) S. 1–20.

–: Wesen und Beziehung, in: JB II (1911), S. 10–35.

Hassbach, W.: Rezension zu »Max Weber: Geistige Arbeit als Beruf. Zwei Vorträge« und »Max Weber: Parlament und Regierung im neugeordneten Deutschland«, in: Zeitschrift für Sozialwissenschaft NF XI (1920), S. 99–111.

Hellmann, G.: Max Weber, in: Deutsche Akademische Rundschau 7,3 (1925), S. 3–5.

Herrigel, Hermann: Das neue Denken, Berlin 1928.

Heuss, Theodor: Erinnerungen 1905–1933, Tübingen 1963.

Heussi, Karl: Die Krisis des Historismus, Tübingen 1932.

Hildebrandt, Kurt: Erinnerungen an Stefan George und seinen Kreis, Bonn 1965.

Hlucka, Franz: Das Problem der Persönlichkeit: Grundriss einer ganzheitlichen Weltanschauungslehre, Berlin 1929 (Bibliothek für Philosophie 31).

Honigsheim, Paul: Der Max-Weber-Kreis in Heidelberg. (Besprechung des zweiten Bandes der »Hauptprobleme der Soziologie«), in: Kölner Vierteljahrshefte für Soziologie V (1925/26), S. 270–287.

Jaeger, Werner: Humanismus und Jugendbildung (1919), in: Ders., Humanistische Reden und Vorträge, Berlin [2]1960, S. 41–67.

Jaspers, Karl: Psychologie der Weltanschauungen (1919), Berlin, Göttingen, Heidelberg [4]1954.

–: Max Weber. Eine Gedenkrede, Tübingen [2]1926.

–: Max Weber. Forscher, Politiker, Philosoph, Bremen [2]1946.

Kahler, Erich von: Die Krisis der Wissenschaft, in: Der neue Merkur 3 (1919), S. 115–127.

–: Die menschliche Wirkung der Wissenschaft, in: Der neue Merkur 3 (1919), S. 203–210.

–: Die Verantwortung des Geistes. Gesammelte Aufsätze, Frankfurt/Main 1952.

–: Stefan George. Größe und Tragik, Pfullingen 1964 (Opuscula 16).

Kracauer, Siegfried: Die Wissenschaftskrisis. Zu den grundsätzlichen Schriften Max Webers und Ernst Troeltschs (FZ vom 8. u. 22. März 1923), in: Ders., Das Ornament der Masse, Frankfurt 1963, S. 197–208.

Krieck, Ernst: Die Revolution in der Wissenschaft. Ein Kapitel über die Volkserziehung, Jena 1920.

–: Die Revolution von Innen, in: Die Tat XII (1920), S. 668–674.

–: Vom Sinn der Wissenschaft, in: Der neue Merkur 5 (1921), S. 512–514.

–: Das Bild der Wirtschaft, in: Die Tat XIII (1921), S. 629–632.

–: Wissenschaft als Mythos, in: Die Tat XIII (1922), S. 739–748.

–: Die Krise im rationalen Bildungssystem, in: Die freie deutsche Schule 9 (1927), S. 121–123.

–: Auch ein Kapitel zur Wissenschaftslehre, in: Die freie deutsche Schule 12 (1930), S. 238–239.

–: Nationalpolitische Erziehung, Leipzig [3]1932.

–: Die Erneuerung der Universität, Frankfurt 1933 (Frankfurter akademische Reden 5).

–: Mein Weg zum Nationalsozialismus, in: Die badische Volkschule. Wochenschrift des Verbandes Badischer Volksschullehrer, 1 (1933), S. 386–387.

–: Das Ende einer Wissenschaftsideologie, in: Deutsches Recht 4 (1934), S. 297–300.

–: Wissenschaft, Weltanschauung, Hochschulreform, Leipzig 1934.

–: Die Objektivität der Wissenschaft als Problem, in: Ders./Reichsminister Rust, [Bernhard], Das nationalsozialistische Deutschland und die Wissenschaft, Hamburg 1936, S. 23–35.

–: Erlebter Neuidealismus, Heidelberg 1942.

Landmann, Edith: Die Transcendenz des Erkennens, Berlin 1923.

–: Wissen und Werten, in: Schmollers Jahrbuch 54 (1930), S. 287–303.

–: Um die Wissenschaft, in: Castrum Peregrini XLII (1960), S. 65–90.

Liebert, Arthur: Max Weber, in: Preußische Jahrbücher 210 (1927), S. 304–320.

Litt, Theodor: Berufsstudium und »Allgemeinbildung« auf der Universität, Leipzig 1920.

–: Erkenntnis und Leben, Berlin 1923.

–: Möglichkeiten und Grenzen der Pädagogik. Abhandlungen zur gegenwärtigen Lage von Erziehung und Erziehungstheorie, Leipzig [2]1931.

Löwith, Karl: Die geistige Situation der Zeit, in: Neue Jahrbücher für Wissenschaft und Jugendbildung 9 (1933), S. 1–10.

Löwith, Karl: Max Webers Stellung zur Wissenschaft (1964), in: Ders., Sämtliche Schriften 5, Stuttgart 1988, S. 418–447.

Löwith, Karl: Mein Leben in Deutschland vor und nach 1933. Ein Bericht. Hg. von Reinhart Koselleck, Frankfurt 1989.

Lützeler, Heinrich: Vom Beruf des Hochschullehrers. Zum Abschluß der Vorlesung über »Die großen Denker der Griechen«, gesprochen am 29.02.1940 in der Universität Bonn, als Ms gedruckt, Bonn o. J.

Mahrholz, Werner: Die Lage der Studentenschaft, in: Die Hochschule 3 (1919), S. 225–232.

–: Die humanistische Fakultät, in: Ders./Röseler, Hans (Hg.), Neuer Humanismus, Berlin 1921, S. 52–58.

Meinecke, Friedrich: Erlebtes 1862–1901, in: Ders., Autobiographische Schriften. Hg. u. eingel. von Eberhard Kessel, Stuttgart 1969 (Werke Bd. 8)

Mettler, Artur: Max Weber und die philosophische Problematik in unserer Zeit, Leipzig 1934.

Michels, Robert: Bedeutende Männer. Charakterologische Studien, Leipzig 1927.

Niessen, Ludwig: Der Lebensraum für den geistigen Arbeiter. Ein Beitrag zur akademischen Berufsnot und zur studentischen Weltsolidarität., Münster 1931 (Deutschtum und Ausland 45).

Plessner, Helmuth: Psychologie und Verlebendigung der Wissenschaft, in: Frankfurter Zeitung. Hochschulblatt vom 14.12.1922 (=Badische Schulzeitung 61 (1923), S. 133–134.).

Plessner, Helmuth: Die verspätete Nation. Über die politische Verführbarkeit bürgerlichen Geistes (1935/59), in: Ders.: Gesammelte Schriften 6, Frankfurt /M. 2003, S. 7–223.

Radbruch, Gustav: Drittes Referat, in: Kahl, Wilhelm/Meinecke, Friedrich/Radbruch, Gustav (Hg.), Die deutschen Universitäten und der Staat. Referate erstattet auf der Weimarer Tagung deutscher Hochschullehrer am 23. und 24. April 1926, Tübingen 1926, S. 32–37.

Ranulf, Svend: Max Weber und Erich Wittenberg, in: Theoria 5 (1939), S. 81–86.

–: Nochmals die Objektivität in den Sozialwissenschaften, in: Theoria 5 (1939), S. 332–336.

Rickert, Heinrich: Die Philosophie des Lebens. Darstellung und Kritik der philosophischen Modeströmungen unserer Zeit, Tübingen 1920.

–: Moderne Wissenschaft und griechische Philosophie, in: Kaizo 4,11 (1922), S. 94–109.

–: Das Leben der Wissenschaft und die griechische Philosophie. (1923/24), in: Ders., Philosophische Aufsätze, hg. von Rainer A. Blast, Tübingen 1999, S. 153 – 188.

–: Max Weber und seine Stellung zur Wissenschaft, in: Logos 15 (1926), S. 222 – 237.

Rößner, Hans: Dritter Humanismus im Dritten Reich, in: Zeitschrift für Deutsche Bildung 12 (1936), S. 186 – 192.

–: Georgekreis und Literaturwissenschaft. Zur Würdigung und Kritik der geistigen Bewegung Stefan Georges, Frankfurt /Main 1938.

Rosenberg, Alfred: Freiheit der Wissenschaft, in: Ders., Gestaltung der Idee. Reden und Aufsätze von 1933 – 1935, München [14]1943, S. 197 – 218 (Blut und Ehre Bd.II).

Rosenmüller, Bernhard (Hg.): Das katholische Bildungsideal und die Bildungskrise. Vorträge der Sondertagung des Verbandes der Vereine katholischer Akademiker, München 1926.

Salin, Edgar: Zu Methode und Aufgabe der Wirtschaftsgeschichte, in: Schmollers Jahrbuch 45 (1921), S. 179 – 201.

–: Platon und die griechische Utopie, München, Leipzig 1921.

–: Um Stefan George, Godesberg 1948.

–: Um Stefan George. Erinnerung und Zeugnisse, zweite neugestaltete und wesentlich erweiterte Auflage, Bonn 1954.

–: Der wissenschaftliche Kreis um Stefan George. Vortrag im Südwestfunk am 5. 1. 1969, in: Neue Beiträge zur George-Forschung 4 (1979), S. 38 – 42.

Salz, Arthur: Ver sacrum, in: Kohn, Hans (Hg.), Vom Judentum. Ein Sammelbuch, hg. v. Verein jüd. Hochschüler Bar Kochba in Prag, Leipzig 1913, S. 169 – 172.

–: Für die Wissenschaft gegen die gebildeten unter ihren Verächtern, München 1921.

Scheler, Max: Weltanschauungslehre, Soziologie und Weltanschauungssetzung. (1921), in: Ders., Schriften zur Soziologie und Weltanschauungslehre, Bonn [3]1986, S. 13 – 26 (Gesammelte Werke 6).

–: Max Webers Ausschaltung der Philosophie (1922), in: Ders., Die Wissensformen und die Gesellschaft, Bern [2]1960, S. 430 – 436

Schmalenbach, Herman: Die soziologische Kategorie des Bundes, in: Die Dioskuren. Jahrbuch für Geisteswissenschaften Bd.I, München 1922, S. 35 – 105.

Schröder, Gerhard: Geschichtsschreibung als politische Erziehungsmacht, Hamburg 1939.

Schuster, Ernst: Von der Verantwortung der Wissenschaft für das politische Schicksal Deutschlands (Eine Rede gehalten zur Reichsgründungsfeier der Universität Tübingen am 18. Januar 1925), Tübingen 1925.

Schwab, Franz Xaver (d.i. Alexander Schwab): Beruf und Jugend, in: Die weißen Blätter 4 (1917), S. 97 – 113.

Seidel, Alfred: Bewußtsein als Verhängnis, hg. von Hans Prinzhorn, Bonn 1927.

Selle, Götz von: Die humanistische Fakultät, Göttingen 1919/21 (Schriften der Deutschen Studentenschaft 1 – 3).

Spann, Othmar: Kämpfende Wissenschaft, Jena 1934.

Spranger, Eduard: Wissenschaft als Beruf, in: Frankfurter Zeitung vom 01.12.1921. Hochschulblatt, S. 3.

–: Der gegenwärtige Stand der Geisteswissenschaften und die Schule, Leipzig 1922.

–: Lebensformen: Geisteswissenschaftliche Psychologie u. Ethik der Persönlichkeit, Halle [5]1925.

–: Der Sinn der Voraussetzungslosigkeit in den Geisteswissenschaften, Berlin 1929 (Sonderausgabe aus den Sitzungsberichten der Preußischen Akademie der Wissenschaften Phil.-Hist.Klasse 1929.I).

–: Zur geistigen Lage der Gegenwart, in: Die Erziehung 6 (1930/31), S. 213 – 234.

–: Hochschule und Gesellschaft, Heidelberg 1973 (Gesammelte Schriften 10).

Steding, Christoph: Politik und Wissenschaft bei Max Weber, Breslau 1932.

–: Das Reich und die Krankheit der europäischen Kultur, hg. von Walter Frank, Hamburg 1938 (Schriften des Reichsinstituts für Geschichte des neuen Deutschlands).

Sternberg, Kurt: Der Neukantianismus und die philosophischen Forderungen der Gegenwart, in: Kantstudien 25 (1920/21), S. 396 – 410.

Tönnies, Ferdinand: Hochschulreform und Soziologie. Kritische Anmerkungen über Becker's »Gedanken zur Hochschulreform« u. Below's »Soziologie als Lehrfach«, Jena 1920.

–: Tröltsch und die Philosophie der Geschichte, in: Schmollers Jahrbuch 49 (1925), S. 147 – 191.

Troeltsch, Ernst: Die Krisis der Geschichtswissenschaft, in: Die Hochschule 3 (1920), S. 321 – 325.

–: Die geistige Revolution. Berliner Brief, in: Kunstwart und Kulturwart. Monatsschau für Ausdruckskultur auf allen Lebensgebieten 34 (1920/21), S. 227 – 233.

–: Die Revolution in der Wissenschaft (1921), in: Ders., Gesammelte Schriften Bd. 4, Tübingen 1925, S. 653 – 677.

–: Die Krisis des Historismus (1922), in: Ders., Kritische Gesamtausgabe Bd.15, Schriften zur Politik und Kulturphilosophie (1918 – 1923), hg. von Gangolf Hübinger, Berlin, New York 2002, S. 437 – 455.

–: Der Historismus und seine Probleme I, Tübingen 1922 (Gesammelte Schriften Bd. 3).

–: Der Historismus und seine Überwindung. Fünf Vorträge. Eingeleitet von Friedrich von Hügel, Berlin 1924.

Utitz, Emil: Akademische Berufsberatung, Stuttgart 1920.

Vallentin, Berthold: Napoleon und die geistige Bewegung, in: JB III (1912), S. 134 – 138.

Voegelin, Erich: Über Max Weber, in: Deutsche Vierteljahrsschrift für Literaturwissenschaft und Geistesgeschichte 3 (1925), S. 177 – 193.

Weber, Marianne: Max Weber. Ein Lebensbild, Tübingen 1926.

Weber, Max:, Briefe 1909 – 1910, hg. von Mario Rainer Lepsius und Wolfgang J. Mommsen in Zusammenarbeit mit Birgit Rudhard und Manfred Schön, Tübingen 1994 (Gesamtausgabe II/6).

Wilamowitz-Moellendorff, Ulrich von: Philologie und Schulreform (1892), in: Ders., Reden und Vorträge, Berlin [3]1913, S. 98 – 119.

Wittenberg, Erich: Die Wissenschaftskrisis in Deutschland im Jahr 1919. Ein Beitrag zur Wissenschaftsgeschichte, in: Theoria 4 (1938), S. 235 – 264.

–: Webers Wissenschaftslehre. Eine Antwort auf Svend Ranulfs Anmerkungen in der »Theoria«, in: Theoria 5 (1939), S. 205 – 210.

–: Schlußbemerkungen zur Auseinandersetzung über »Webers Wissenschaftslehre« von Erich Wittenberg, in: Theoria 5 (1939), S. 336 – 338.

Wolf, Erik: Max Webers ethischer Kritizismus und das Problem der Metaphysik, in: Logos 19 (1930), S. 359 – 375.

Wolfskehl, Karl: Die Blätter für die Kunst und die neuere Literatur, in: JB I (1910),
S. 1 – 18.

Wolfgang, Franz: Besprechung von Weber, von Kahler, Salz, in: Zeitschrift für Volkswirtschaft und Sozialpolitik NF II (1922), S. 182 – 184.

Wolters, Friedrich: Richtlinien, In: JB I (1910), S. 128 – 145

–: Stefan George und die Blätter für die Kunst, Berlin 1930.

Worringer, Wilhelm: Künstlerische Zeitfragen. Vortrag vor der Goethegesellschaft, München 1921. (auch in: Die Arbeitsgemeinschaft 8 (1922)).

o.V.: Max Weber, in: Das neue Deutschland 8 (1919/20), S. 339 – 340.

o.V.: Um Max Weber, in: Das neue Deutschland 8 (1919/20), S. 395 – 397.

Literatur

Adorno, Theodor W. (u. a.): Der Positivismusstreit in der deutschen Soziologie, Darmstadt [5]1976.

Albert, Hans/Topitsch Ernst (Hg.): Werturteilsstreit, Darmstadt [2]1979 (WdF 175).

Ando, Hideharu: Die Interviews mit Else Jaffé, Edgar Salin und Helmuth Plessner über Max Weber 1969/1970, in: Kölner Zeitschrift für Soziologie und Sozialpsychologie 55 (2003), S. 596-610.

Ash, Mitchell G.: Krise der Moderne oder Modernität als Krise? Stimmen aus der Akademie, in: Fischer, Wolfgang u.a. (Hg.), Die Preußische Akademie der Wissenschaften zu Berlin 1914-1945, Berlin 2000, S. 121-142.

Bendix, Reinhard; Roth, Günther: Scholarship and partisanship: essays on Max Weber, Berkeley 1971.

Boeringer, Robert/Landmann, Georg Peter (Hg.): Stefan George – Friedrich Gundolf. Briefwechsel, München, Düsseldorf 1962.

Böschenstein, Bernhard u.a. (Hg.): Wissenschaftler im George-Kreis. Die Welt des Dichters und der Beruf der Wissenschaft, Berlin 2005.

Bollnow, Otto Friedrich: Eduard Spranger zum hundertsten Geburtstag, in: Bräuer, Gottfried/Kehrer, Fritz (Hg.), Eduard Spranger zum 100. Geburtstag, Ludwigsburg 1983, S. 36-48.

Breuer, Stefan: Anatomie der konservativen Revolution, Darmstadt 1993.

–: Ästhetischer Fundamentalismus. Stefan George und der deutsche Antimodernismus, Darmstadt 1995.

Brocke, Bernhard vom: Kurt Breysig: Geschichtswissenschaft zwischen Historismus und Soziologie, Lübeck, Hamburg 1971 (Historische Studien 417).

Feldman, Gerald D.: The Great Disorder. Politics, Economics, and Society in the German Inflation, 1914-1924, Oxford, New York 1997.

Föllmer, Moritz/Graf, Rüdiger (Hg.): Die »Krise« der Weimarer Republik: zur Kritik eines Deutungsmusters, Frankfurt/M. 2005.

Fleischer, Dirk: Geschichte und »Kultursynthese« bei Ernst Troeltsch, in: Blanke, Horst Walter/Jaeger, Friedrich/Sandkühler, Thomas (Hg.), Dimensionen der Historik. Geschichtstheorie, Wissenschaftsgeschichte und Geschichtskultur heute (FS Jörn Rüsen), Köln, Weimar, Wien 1998, S. 301-311.

Fried, Johannes: Zwischen »Geheimem Deutschland« und »geheimer Akademie der Arbeit«. Der Wirtschaftswissenschaftler Arthur Salz, in: Schlieben, Barbara/Schneider, Olaf/Schulmeyer, Kerstin (Hg.), Geschichtsbilder im George-Kreis: Wege zur Wissenschaft, Göttingen 2004, S. 249-302.

Gay, Peter: Die Republik der Außenseiter. Geist und Kultur in der Weimarer Zeit: 1918-1933, Frankfurt 1970.

Germer, Andrea: Wissenschaft und Leben. Max Webers Antwort auf eine Frage Friedrich Nietzsches, Göttingen 1994 (Kritische Studien zur Geschichtswissenschaft 105).

Graf, Friedrich Wilhelm: »Kierkegaards junge Herren«. Troeltschs Kritik der »geistigen Revolution« im frühen zwanzigsten Jahrhundert, in: Renz,

Horst/Graf, Friedrich Wilhelm (Hg.), Umstrittene Moderne. Die Zukunft der Neuzeit im Urteil der Epoche Ernst Troeltschs, Gütersloh 1987, S. 172–192 (Troeltsch-Studien 4).

–: Wertkonflikt oder Kultursynthese? in: Schluchter, Wolfgang/Graf, Friedrich Wilhelm (Hg.), Asketischer Protestantismus und der »Geist« des modernen Kapitalismus. Max Weber und Ernst Troeltsch, Tübingen 2005, S. 257–279.

Groppe, Carola: Die Macht der Bildung. Das deutsche Bürgertum und der George-Kreis 1890–1933, Köln 1997 (Bochumer Schriften zur Bildungsforschung Bd. 3).

Großheim, Michael: Politischer Existentialismus. Subjektivität zwischen Entfremdung und Engagement, Tübingen 2002 (Philosophische Untersuchungen 9).

Gutschker, Thomas: Aristotelische Diskurse. Aristoteles in der politischen Philosophie des 20. Jahrhunderts, Stuttgart, Weimar 2002.

Haar, Ingo: Historiker im Nationalsozialismus. Deutsche Geschichtswissenschaft und der »Volkstumskampf« im Osten, Göttingen ^{2}2002 (Kritische Studien zur Geschichtswissenschaft 143).

Hanke, Edith: Prophet des Unmodernen. Leo N. Tolstoi als Kulturkritiker in der deutschen Diskussion der Jahrhundertwende, Tübingen 1993 (Studien und Texte zur Sozialgeschichte der Literatur 38).

Heiber, Helmut: Walter Frank und sein Reichsinstitut für Geschichte des neuen Deutschlands, Stuttgart 1966 (Quellen und Darstellungen zur Zeitgeschichte 13).

–: Universität unterm Hakenkreuz II,1. Die Kapitulation der hohen Schulen, München 1992.

Heidler, Irmgard: Der Verleger Eugen Diederichs und seine Welt (1896–1930), Wiesbaden 1998 (Mainzer Studien zur Buchwissenschaft 8).

Heinzelmann, Gerhard: Schicksal und Vorsehung. Ein kirchlicher Vortrag, Stuttgart 1923.

Heitmann, Margret: Jonas Cohn: Philosoph, Pädagoge und Jude, in: Grab, Walter/Schoeps, Julius H. (Hg.), Juden in der Weimarer Republik. Skizzen und Porträts, Darmstadt 1998, S. 179–199.

Hennen, Manfred: Krise der Rationalität, Dilemma der Soziologie: zur kritischen Rezeption Max Webers, Stuttgart 1972.

Hennis, Wilhelm: Max Weber als Erzieher, in: Rudolph, Hermann (Hg.), Den Staat denken: Theodor Eschenburg zum Fünfundachtzigsten, Berlin 1986, S. 241–264.

–: Max Webers Fragestellung. Studien zur Biographie des Werks, Tübingen 1987.

–: Max Weber und Thukydides. Nachträge zur Biographie des Werks, Tübingen 2003.

Henrich, Dieter: Die Einheit der Wissenschaftslehre Max Webers, Tübingen 1952.

Hettling, Manfred: Das Unbehagen in der Erkenntnis. Max Weber und das »Erlebnis«, in: Simmel Newsletter 7 (1997), S. 49 – 65.

Hömig, Herbert: Zeitgeschichte als »Kämpfende Wissenschaft«. Zur Problematik nationalsozialistischer Geschichtsschreibung, in: Historisches Jahrbuch 99 (1979), S. 355 – 374.

Hojer, Ernst: Nationalsozialismus und Pädagogik. Umfeld und Entwicklung der Pädagogik Ernst Kriecks, Würzburg 1996.

Holzhey, Helmut: Art. Neukantianismus, in: Historisches Wörterbuch der Philosophie Bd. 6 (1984), Sp. 747 – 754.

Horlacher, Rebekka: Zwischen Bildung und Wissen. Die Debatte um Max Webers *Wissenschaft als Beruf*, in: Oelkers, Jürgen u. a. (Hg.), Rationalisierung und Bildung bei Max Weber. Beiträge zur historischen Bildungsforschung, Bad Heilbrunn 2006, S. 229 – 243.

Hübinger, Gangolf (Hg.): Versammlungsort moderner Geister. Der Eugen-Diederichs-Verlag. Aufbruch ins Jahrhundert der Extreme, München 1996.

–: Gelehrte, Politik und Öffentlichkeit. Eine Intellektuellengeschichte, Göttingen 2006.

Huschke-Rhein, Rolf: Das Wissenschaftsverständnis in der geisteswissenschaftlichen Pädagogik, Stuttgart 1979.

Jarausch, Konrad: Die Krise des deutschen Bildungsbürgertums im ersten Drittel des 20. Jahrhunderts, in: Kocka, Jürgen (Hg.), Bildungsbürgertum im 19. Jahrhundert. Teil IV. Politischer Einfluß und gesellschaftliche Formation, Stuttgart 1989, S. 180 – 205.

Käsler, Dirk: Wissenschaft als »Institution« und als »Beruf« bei Max Weber, in: Fischer, Joachim/Joas, Hans (Hg.), Kunst, Macht und Institution. FS für Karl-Siegbert Rehberg, Frankfurt, New York 2003.

Keuth, Herbert: Wissenschaft und Werturteil. Zu Werturteilsdiskussion und Positivismusstreit, Tübingen 1989.

Kiel, Anna: Erich Kahler. Ein »uomo universale« des zwanzigsten Jahrhunderts – seine Begegnungen mit bedeutenden Zeitgenossen, Bern u. a. 1989.

Klingemann, Carsten: Soziologie im Dritten Reich, Baden-Baden 1996.

König, René/Winckelmann, Johannes: Max Weber zum Gedächtnis, Köln, Opladen 1963 (Kölner Zeitschrift für Soziologie und Sozialpsychologie, Sonderheft 7).

Kolk, Rainer: Kritik der Oberfläche. Zur Position des George-Kreises in den kulturellen Debatten 1890 – 1930, in: Böschenstein, Bernhard u. a. (Hg.), Wissenschaftler im George-Kreis. Die Welt des Dichters und der Beruf der Wissenschaft, Berlin 2005, S. 35 – 48.

Kramme, Rüdiger: Philosophische Kultur als Programm. Die Konstituierungsphase des LOGOS, in: Sauerland, Karol/Treiber, Hubert (Hg.): Heidelberg im Schnittpunkt intellektueller Kreise. Zur Topographie der ›geistigen Geselligkeit‹ eines ›Weltdorfes‹: 1850–1950, Opladen 1995, S. 119–149.

Kraus, Xerxes: Die Stoa und ihr Einfluß auf die Nationalökonomie, Marburg 2000.

Kruse, Volker: Die Heidelberger Soziologie und der Stefan George-Kreis, in: Böschenstein, Bernhard u. a. (Hg.), Wissenschaftler im George-Kreis. Die Welt des Dichters und der Beruf der Wissenschaft, Berlin 2005, S. 259–276.

Landmann, Michael: Um die Wissenschaft, in: Castrum Peregrini XLII (1960), S. 65–90.

–: Erich von Kahler, in: Ders., Figuren um Stefan George. Zehn Portraits, Amsterdam 1982 (Castrum Peregrini CLI-CLII), S. 88–104.

Lassman, Peter/Velody, Irving (Hg.): Max Weber's ›Science as a Vocation‹, London 1989.

Lauer, Gerhard: Die verspätete Revolution. Erich von Kahler. Wissenschaftsgeschichte zwischen konservativer Revolution und Exil, Berlin, New York 1995 (Philosophie und Wissenschaft 6).

Lehmann, Hartmut: Max Webers ›Protestantische Ethik‹ als Selbstzeugnis, in: Ders., Max Webers ›Protestantische Ethik‹. Beiträge aus Sicht eines Historikers, Göttingen 1996, S. 109–127.

Lepenies, Wolf: Die drei Kulturen: Soziologie zwischen Literatur und Wissenschaft, Reinbek 1988.

Lepsius, Rainer M.: Gesellschaftsanalyse und Sinngebungszwang, in: Albrecht, Günter/Daheim, Hansjürgen/Sack, Fritz (Hg.): Soziologie (FS René König), Opladen 1973, S. 105–116.

Lichtblau, Klaus: Kulturkrise und Soziologie um die Jahrhundertwende. Zur Genealogie der Kultursoziologie in Deutschland, Frankfurt 1996.

Massimilla, Edoardo: Intorno a Weber. Scienza, vita e valori nella polemica su Wissenschaft als Beruf, Neapel 2000.

Mattenklott, Gert: Bilderdienst. Ästhetische Opposition bei Beardsley und George Frankfurt/Main [2]1985.

–: /Philipp, Michael/Schoeps, Julius H. (Hg.): »Verkannte Brüder«? Stefan George und das deutsch-jüdische Bürgertum zwischen Jahrhundertwende und Emigration, Hildesheim, Zürich, New York 2001 (Haskala 22).

Mogge, Winfried/Reulecke, Jürgen: Hoher Meißner 1913. Der Erste Freideutsche Jugendtag in Dokumenten, Deutungen und Bildern, Köln 1988 (Edition Archiv der deutschen Jugendbewegung Band 5).

Mohler, Armin: Die konservative Revolution in Deutschland 1918–1932. Ein Handbuch, 2 Bde., Darmstadt [3]1989.

Mommsen, Hans: Die Auflösung des Bürgertums seit dem späten 19. Jahrhundert, in: Kocka, Jürgen (Hg.), Bürger und Bürgerlichkeit im 19. Jahrhundert, Göttingen 1987, S. 288–315.

Mommsen, Wolfgang J.: Bürgerstolz und Weltmachtstreben: Deutschland unter Wilhelm II. 1890 bis 1918, Berlin 1995.

Müller-Armach: Wandlungen des Wissenschaftsideals im Blick auf Max Weber, in: Kloten, Norbert u. a. (Hg.), Systeme und Methoden in den Wirtschafts- und Sozialwissenschaften, Tübingen 1964.

Müller, Gerhard: Die Wissenschaftslehre Ernst Kriecks. Motive und Strukturen einer gescheiterten nationalsozialistischen Wissenschaftsreform, Diss. Freiburg 1976.

–: Ernst Krieck und die nationalsozialistische Wissenschaftsreform: Motive und Tendenzen einer Wissenschaftslehre und Hochschulreform im Dritten Reich, Weinheim, Basel 1978 (Studien und Dokumentationen zur deutschen Bildungsgeschichte 5).

Nau, Heino H. (Hg.): Der Werturteilsstreit. Die Äußerungen zur Werturteildiskussion im Ausschuß des Vereins für Sozialpolitik (1913), Marburg 1996 (Beiträge zur Geschichte der deutschsprachigen Ökonomie 8).

Nipperdey, Thomas: Deutsche Geschichte 1866–1918 1. Bd.: Arbeitswelt und Bürgergeist, München 1990.

Norton, Robert Edward: Secret Germany: Stefan George and his circle, Ithaca, London 2002.

Oakes, Guy: Max Weber und die Südwestdeutsche Schule: Der Begriff des historischen Individuums und seine Entstehung, in: Mommsen, Wolfgang J./Schwendtker, Wolfgang (Hg.): Max Weber und seine Zeitgenossen, Göttingen, Zürich 1988, S. 595–612 (Veröffentlichungen des Deutschen Historischen Instituts London 21).

–: Rickerts Wert/Wertungs-Dichotomie und die Grenzen von Webers Wertbeziehungslehre, in: Wagner, Gerhard/Zipprian, Heinz (Hg.), Max Webers Wissenschaftslehre. Interpretation und Kritik, Frankfurt/Main 1994, S. 146–166.

Oexle, Otto G.: »Wissenschaft« und »Leben«. Historische Reflexionen über Tragweite und Grenzen moderner Wissenschaft, in: Geschichte in Wissenschaft und Unterricht 41 (1990), S. 145–161.

–: Von Nietzsche zu Weber und Objektivitätsforderung der Wissenschaft im Zeichen des Historismus, in: Ders., Geschichtswissenschaft im Zeichen des Historismus. Studien zu Problemgeschichten der Moderne, Göttingen 1996, S. 73–94.

–: Mittelalter als Waffe. Ernst H. Kantorowicz' ›Kaiser Friederich der Zweite‹ in den politischen Kontroversen der Weimarer Republik, in: Ders., Geschichtswissenschaft im Zeichen des Historismus. Studien zu Problemgeschichten der Moderne, Göttingen 1996, S. 163–215.

–: Ranke-Nietzsche-Kant. Über die epistemologischen Orientierungen deutscher Historiker, in: Internationale Zeitschrift für Philosophie (2001,2), S. 224–244.

–: Max Weber – Geschichte als Problemgeschichte, in: Ders. (Hg.), Das Problem der Problemgeschichte 1880–1932, Göttingen 2001, S. 11–37 (Göttinger Gespräche zur Geschichtswissenschaft 12).

–: ›Wirklichkeit‹ – ›Krise der Wirklichkeit‹ – ›Neue Wirklichkeit‹. Deutungsmuster und Paradigmenkämpfe in der deutschen Wissenschaft vor und nach 1933, in: Hausmann, Frank-Rutger (Hg.), Die Rolle der Geisteswissenschaften im Dritten Reich 1933–1945, München 2002, S. 1–20 (Schriften des Historischen Kollegs, Kolloquien 53).

Orozco, Teresa: Platonische Gewalt. Gadamers politische Hermeneutik der NS-Zeit, Hamburg 1995 (Ideologische Mächte im deutschen Faschismus, Bd.7).

Petersen, Peter: Geschichte der aristotelischen Philosophie im protestantischen Deutschland, Leipzig 1921.

Peukert, Detlev J.K.: Die Weimarer Republik. Krisenjahre der Klassischen Moderne, Frankfurt/Main 1987.

–: Max Webers Diagnose der Moderne, Göttingen 1989.

Radbruch, Gustav: Rechtsphilosophie, hg. u. eingel. von Erik Wolf, Stuttgart [4]1950.

Radkau, Joachim: Max Weber. Die Leidenschaft des Denkens, München, Wien 2005.

Ritzel, Wolfgang: Philosophie und Pädagogik im 20. Jahrhundert, Darmstadt 1980.

Rothe, Arnold: Ernst Robert Curtius in Heidelberg. Versuch einer Spurensicherung, in: Berschin, Walter/Rothe, Arnold (Hg.), Ernst Robert Curtius. Werk, Wirkung, Zukunftsperspektiven, Heidelberg 1989, S. 57–102.

Sauerland, Karol/Treiber, Hubert (Hg.): Heidelberg im Schnittpunkt intellektueller Kreise. Zur Topographie der ›geistigen Geselligkeit‹ eines ›Weltdorfes‹: 1850–1950, Opladen 1995.

Scaff, Lawrence A.: Fleeing the iron cage: culture, politics and modernity in the thought of Max Weber, Berkeley, Los Angeles, London 1989.

Schäfer, Alfred: Halbierte Desillusionierung. Jonas Cohns »Theorie der Dialektik«, in: Oelkers, Jürgen u.a. (Hg.), Neukantianismus. Kulturtheorie, Pädagogik und Philosophie, Weinheim 1989, S. 327–350.

Schefold, Bertram: Nationalökonomie als Geisteswissenschaft – Edgar Salins Konzept einer Anschaulichen Theorie, in: List Forum für Wirtschafts- und Finanzpolitik 18 (1992), S. 303–324.

Schickel, Joachim (Hg.): Philosophie als Beruf, Frankfurt 1982.

Schlieben, Barbara/Schneider, Olaf/Schulmeyer, Kerstin (Hg.): Geschichtsbilder im George-Kreis: Wege zur Wissenschaft, Göttingen 2004.

Schluchter, Wolfgang: Handeln und Entsagen. Max Weber über Wissenschaft und Politik als Beruf, in: Sauerland, Karol/Treiber, Hubert (Hg.): Heidelberg im Schnittpunkt intellektueller Kreise. Zur Topographie der ›geistigen Geselligkeit‹ eines ›Weltdorfes‹: 1850 – 1950, Opladen 1995, S. 264 – 307.

Schmitz, Victor A.: Friedrich Gundolf, seine Beziehungen zu Persönlichkeiten seiner Zeit, in: Aller, Jan (Hg.), Gestalten um Stefan George. Gundolf, Wolfskehl, Verwey, Derleth, Amsterdam 1984, S. 12 – 29.

Schnädelbach, Herbert: Philosophie in Deutschland 1831 – 1933, Frankfurt/Main 1983.

Schroeter, Gerd: Max Weber as Outsider: His Nominal Influence on German Sociology in the Twenties, in: Journal of the history of the behavioral sciences 16 (1980), S. 317 – 332.

Schulz, Ursula: Hermann Herrigel, der Denker und die deutsche Erwachsenenbildung, Bremen 1969, (Bibliographien zur Zeit- und Kulturgeschichte 4).

Seyfarth, Constans/Schmidt, Gert: Max Weber Bibliographie: Eine Dokumentation der Sekundärliteratur, Stuttgart 1977.

Tenbruck, Friedrich H.: Science as a Vocation – Revisited, in: Forsthoff, Ernst/Hörstel, Reinhard (Hg.), Standorte im Zeitstrom. (FS für Arnold Gehlen), Frankfurt/Main 1974.

–: Heinrich Rickert in seiner Zeit. Zur europäischen Diskussion über Wissenschaft und Weltanschauung, in: Oelkers, Jürgen (Hg.), Neukantianismus: Kulturtheorie, Pädagogik und Philosophie, Weinheim 1989, S. 79 – 105.

–: Nachwort, in: Ders., Das Werk Max Webers. Gesammelte Aufsätze zu Max Weber, hg. v. Harald Homann, Tübingen 1999, S. 243 – 259.

Tilitzki, Christian: Die deutsche Universitätsphilosophie in der Weimarer Republik und im Dritten Reich, 2 Bde., Berlin 2002.

Thomale, Eckhard: Bibliographie Ernst Krieck. Schrifttum, Sekundärliteratur, Kurzbiographie, Weinheim, Berlin, Basel 1970 (Pädagogische Bibliographien 4).

Todd, Jeffrey E.: The Price of Individuality. E. R. Curtius' Exclusion from the George-Kreis, in: Germanisch-Romanische Monatsschrift 51 (2001), S. 431 – 445.

–: Die Stimme, die nie verklingt. Ernst Robert Curtius' abgebrochenes und fortwährendes Verhältnis zum George-Kreis, in: Böschenstein, Bernhard u. a. (Hg.): Wissenschaftler im George-Kreis. Die Welt des Dichters und der Beruf der Wissenschaft, Berlin 2005, S. 195 – 208.

Töpner, Kurt: Gelehrte Politiker und politisierte Gelehrte. Die Revolution von 1918 im Urteil deutscher Hochschullehrer, Göttingen 1970.

Turner, Stephen P./Factor, Regis A.: Max Weber and the dispute over reason and value: a study in philosophy, ethics and politics, London 1984.

Ulbricht, Justus H./Werner, Meike G. (Hg.): Romantik, Revolution und Reform. Der Eugen-Diederichs-Verlag im Epochenkontext 1900–1949 (Ulrich Hermann zum 60. Geburtstag), Göttingen 1999.

Vucht Tijssen, Lieteke van: Auf dem Weg zur Relativierung der Vernunft. Eine vergleichende Rekonstruktion der kultur- und wissenssoziologischen Auffassungen Max Schelers und Max Webers. Übers. von Sibylle Sänger, Berlin 1989 (Sozialwissenschaftliche Abhandlungen der Görres-Gesellschaft 17).

Wegener, Walther: Die Quellen der Wissenschaftsauffassung Max Webers und die Problematik der Werturteilsfreiheit der Nationalökonomie. Ein wissenschaftssoziologischer Beitrag, Berlin 1962.

Weiller, Edith: Max Weber und die literarische Moderne: ambivalente Begegnungen zweier Kulturen, Stuttgart, Weimar 1994.

Wildt, Michael: Generation des Unbedingten. Das Führungskorps des Reichsicherheitshauptamtes, Hamburg 2003.

Wuchterl, Kurt: Bausteine zu einer Geschichte der Philosophie des 20. Jahrhunderts, Bern, Stuttgart, Wien 1995.

Zimmermann, Hans-Joachim (Hg): Die Wirkung Stefan Georges auf die Wissenschaft: ein Symposium, Heidelberg 1985 (Supplemente zu den Sitzungsberichten der Heidelberger Akademie der Wissenschaften, Philosophisch-Historische Klasse Bd. 4).

Zöfel, Gerhard: Die Wirkung des Dichters: Mythologie und Hermeneutik in der Literaturwissenschaft um Stefan George, Frankfurt/Main u.a 1987 (Europäische Hochschulschriften 1, 986).

Biographischer Anhang

(Die Beteiligten der Debatte in alphabetischer Reihenfolge)

Georg Burckhardt: Kulturphilosoph (1881 – 1974)
Studium der Theologie und Philosophie in Bonn, Tübingen und Halle. Nach theologischem Examen und Vikariat war er 1905 – 07 Prinzenerzieher in Bunzlau, 1907 Promotion über Herder, dann Leiter eines pietistischen Alumnats. 1917 Habilitation bei Hans Cornelius (»Individuum und Welt als Werk«). 1920 – 1929 Lehrauftrag für Philosophie der neueren Zeit, ab 1922 nb. ao. Prof. in Frankfurt, 1939 entlassen. Sympathisierte zeitweise mit der SPD und trat nach der Revolution für eine »werk-gemeinschaftliche Klassenversöhnung« ein.

Jonas Cohn: Philosoph und Pädagoge (1869 – 1947)
Naturwiss. Studium in Leipzig, Abschluß mit einer pflanzenkundlichen Diss. In Leipzig war Cohn auch Mitglied und Vorsitzender der »Gesellschaft für ethische Kultur«. 1897 Habil. bei Wilhelm Windelband (»Beiträge zur Lehre von den Wertungen«), 1901 nb. ao. Prof. in Freiburg, ab 1907 Lehrauftrag für Pädagogik, ab 1919 Extraordinarius für Pädagogik und Philosophie. 1933 als »Nichtarier« in Freiburg entlassen und Emigration nach Birmingham. War in der 20er Jahren ein führender Vertreter des südwestdeutschen Neukantianismus, Mitglied der DDP.

Ernst Robert Curtius: Romanist (1886 – 1956)
Selbst aus einer Gelehrtenfamilie stammend studierte Curtius u. a. in Heidelberg (bei Windelband und Lask) und Straßburg, wo er 1910 promovierte. Nach der Habilitation in Bonn und einer Professur für Romanische Philologie in Marburg wurde Curtius 1924 nach Heidelberg auf den dortigen Lehrstuhl berufen, kehrte aber 1929 wieder nach Bonn zurück. Seit seiner Studienzeit war Curtius eng mit Gundolf befreundet und kam so in Kontakt mit George und Weber.

Albert Dietrich: Philosoph und Pädagoge (1890 – 1958)
Studierte Philosophie in Berlin, Kriegsfreiwilliger im August 1914, dann nach Krankheit Stabsarbeit und Promotion 1916 bei Benno Erdmann und

Alois Riehl. Gründete nach dem Krieg die »Deutsche Vereinigung« in Bromberg mit und gehörte zu den ersten Mitgliedern des »Juniklubs«. Nach dem Tode Ernst Troeltschs, dessen Grabrede er hielt, scheiterte 1923 seine Habilitation am Widerstand der Berliner Fakultät (über den »metaphysischen Urgrund der gegenwärtigen deutschen Philosophie«), danach Arbeit als Oberassistent in Berlin und ab 1929 Lehrtätigkeit an verschiedenen pädagogischen Akademien. 1943 (mit 53!) Habilitation an der Reichuniversität Posen (»Die Schule im Gefüge der nationalsozialistischen Ordnung« mit einem Vorwort von Bäumler). Im Umkreis von Moeller van den Bruck und als Schüler Troeltschs trat Dietrich in den 20er Jahren für eine einheitlich religiös (nicht rassisch!) verankerte, ständisch gegliederte Volksgemeinschaft ein. Ab 1937 NSDAP-Mitglied, blieb trotz seines Ranges als SA-Oberscharführer Mitglied in einer Baptistengemeinde.

Walter Frank: NS-Historiker (1905–1945)
Durch die Münchner Räterepublik sowie den Hitler-Putsch politisch sozialisiert und zum Anhänger Hitlers bekehrt begann Frank 1923 in München das Studium der Geschichtswissenschaft u. a. bei Hermann Oncken und Karl Alexander von Müller, bei dem er 1927 über Adolf Stöcker promovierte. Anschließend publizierte Frank in verschiedenen Zeitschriften, vor allem aber in Wilhelm Stapels »Deutsches Volkstum«. Obwohl er kein NSDAP-Mitglied war, begann 1933 Franks eigentliche Karriere, die über das Amt Rosenberg und den Stab Rudolf Heß' 1935 zur Gründung des »Reichsinstituts für Geschichte des Neuen Deutschlands« führte, das er bis Ende 1941 leitete und mit dessen Hilfe er seine teils persönlichen teils weltanschaulichen Konflikte (etwa mit Oncken oder Rosenberg) austrug. Am 9. Mai 1945 beging Walter Frank Selbstmord.

Hans-Georg Gadamer: Philosoph (1900–2002)
Nach Studium in Breslau und Marburg wurde Gadamer 1922 bei Paul Natorp und Nicolai Hartmann mit einer Arbeit über Platon promoviert und ging dann nach Freiburg, um dort Husserl und Heidegger zu hören. Die intellektuelle Erschütterung, die er dort erfuhr, veranlaßte ihn, zunächst noch einmal Klassische Philologie bei Paul Friedländer zu studieren, um so gegenüber Heideggers zuweilen brachialen Übersetzungen wieder etwas »festen Boden« zu gewinnen. 1929 habilitierte sich Gadamer dann bei Heidegger und Friedländer wiederum über Platon (»Platons dialektische Ethik«) und wurde 1937 nach Marburg berufen, 1939 dann nach Leipzig, wo er auch Direktor des Philosophischen Instituts wurde. In Leipzig war er 1945 erst Dekan der Fakultät und bis 1947 auch Rektor der Universität. 1947 folgte Gadamer dann einem Ruf nach Frankfurt und kurz darauf nach Heidelberg, wo er den Lehrstuhl Karl Jaspers übernahm.

Gadamer war als Schüler Heideggers und Initiator einer philosophischen Hermeneutik einer der einflußreichsten Philosophen und auch Wissenschaftsorganisatoren der Bundesrepublik.

Friedrich Gundolf: Literaturwissenschaftler (1880–1931)
Als Friedrich Leopold Gundelfinger geboren studierte Gundolf, der diesen Namen von George bekam und 1927 wohl aufgrund antisemitischer Anfeindungen auch offiziell annahm, in München, Berlin und Heidelberg. Mit George kam er 1899 über seinen Freund Karl Wolfskehl in Kontakt und wurde, nachdem Georges Annäherung an Hofmannsthal gescheitert war, bald zu dessen »Lieblingsjünger«. Auch wenn der Meister in ihm vornehmlich eine dichterische Hoffnung sah, wählte Gundolf die akademische Karriere. Nach der Promotion 1903 habilitierte er sich auf Anraten Arthur Salz' 1911 mit einer aufsehenerregenden Arbeit über »Shakespeare und den deutschen Geist«, die ihm 1916 eine außerordentliche und 1920 eine ordentliche Professur für Germanistik in Heidelberg verschaffte. Dort war Gundolf dann einer der bekanntesten Professoren, dessen Vorlesungen oft mehr als die Hälfte der überhaupt an der philosophischen Fakultät eingeschriebenen Studenten besuchten. Durch zahlreiche Publikationen und eine intensive Vortragstätigkeit bestimmte Gundolf dann in den 20er Jahren maßgeblich das Bild Georges und einer an ihm orientierten Literaturwissenschaft. Das Verhältnis zu George trübte sich indes schon, als sich Gundolf 1917 von der Front nach Berlin versetzen ließ, ohne George davon in Kenntnis zu setzen. Hinzu kamen die Ablehnung des von George vorsichtig geförderten Rufes nach Berlin, die Nachlässigkeit bei der Bildung eines eigenen Schülerkreises in Heidelberg, die Unterstützung des Kahler-Buches sowie schließlich 1926 die Heirat mit seiner langjährigen Freundin Elisabeth Salomon, mit der Gundolf endgültig seine Eigenständigkeit gegenüber George und dessen Deutung in der Wolters-Schule unterstrich. 1931, am Geburtstag Georges, starb Gundolf dann an Krebs.

Hermann Herrigel: Journalist, Philosoph und Pädagoge (1888–1973)
Studium in Tübingen, München und Berlin, von 1916–1936 Journalist und Redakteur der Beilage »Hochschule und Jugend« der Frankfurter Zeitung, wo er für pädagogische und religionsphilosophische Themen verantwortlich zeichnete.

Erich von Kahler: Kulturhistoriker (1885–1970)
Studium u. a. der Philosophie, Geschichte und Kunstgeschichte in Wien und München. Nachdem er 1910 in München durch das Rigorosum fiel, ging er nach Heidelberg und lernte dort u. a. Gundolf und George kennen, dann Wiederholung des Rigorosums in Wien. Lebte seitdem als freier

Schriftsteller und Privatgelehrter und konnte aufgrund seines Familienvermögens auch eine durch Alfred Weber in Heidelberg vermittelte Dozentur ausschlagen. Erlangte erst 1929 die deutsche Staatsbürgerschaft, die ihm nach seiner Emigration 1933 wieder aberkannt wurde. Lebte seit 1938 in den USA, wo er in New York und ab 1940 in Princeton Vorlesungen zu halten begann (Man the Measure 1943). Pflegte ebenfalls enge Freundschaften zu Thomas Mann und Herman Broch.

Ernst Krieck: Volksschullehrer und NS-Pädagoge (1882 – 1947)
Aus einer Handwerkerfamilie stammend absolvierte Krieck lediglich die Realschule und eine Ausbildung zum Volksschullehrer und trat 1900 in den badischen Schuldienst ein. Neben seiner Lehrtätigkeit betrieb Krieck autodidaktisch umfangreiche Literaturstudien (v. a. des Neuidealismus) und beteiligte sich aktiv erst in der badischen Schulpolitik, nach dem Krieg dann an der Diskussion kulturpolitischer Fragen im nationalkonservativen Umfeld um Eugen Diederich, Moeller van den Bruck, Boehm u. a. 1922 erschien Kriecks pädagogisches Hauptwerk (»Die Philosophie der Erziehung«), für das er 1923 in Heidelberg ehrenhalber promoviert wurde. Nach seinem Ausscheiden aus dem Schuldienst 1924 lebte Krieck bis 1928 als freier Schriftsteller und Publizist in Heidelberg. 1928 wurde Krieck dann nach Frankfurt an die Pädagogische Akademie berufen, wo er bis zum sog. »Sonnenwend-Skandal« 1931 lehrte. Aufgrund seiner Auftritte auf Kundgebungen der NSDAP und seiner Hochrufe auf das Dritte Reich während der studentischen Sonnenwend-Feier (seine »Rede am Feuer« endete mit: »Heil dem Dritten Reich«), wurde er trotz einer Petition Sprangers und Litts nach Dortmund strafversetzt. Eintritt in die NSDAP Anfang 1932. Nicht zuletzt durch seine Schrift »Nationalpolitische Erziehung« (1932) wurde Krieck neben Bäumler zum führenden NS-Pädagogen, was sich schon zum Sommersemester 1933 in einem Ruf auf eine ordentliche Professur an der Universität Frankfurt und in der Wahl zum dortigen Rektor niederschlug. 1934 wurde Krieck Nachfolger Rickerts in Heidelberg, wo er in verschiedensten Positionen v. a. die Umorganisation der Universität nach dem Führerprinzip betrieb. Auch wenn Krieck durch die Massenauflage seiner Schriften im Armanen-Verlag oder Zeitschriften wie »Volk im Werden« oder die »Neue Deutsche Schule« in der nationalsozialistische Pädagogik große Wirkung entfaltete, ging doch sein Einfluß in der Partei und im REM ab 1935 deutlich zurück, weshalb sich Krieck zuletzt mit (machtpolitisch eher belangloser) »völkisch-politischer« Anthropologie beschäftigte. Im Frühjahr 1945 seiner Ämter enthoben, starb Krieck 1946 im Internierungslager.

Theodor Litt: Pädagoge und Philosoph (1880 – 1962)
Nach altphilologischem Studium in Bonn (Diss.1904) und Oberlehrertätigkeit wurde er 1918 in Bonn ohne Habilitation zum nb. ao. Prof. ernannt und 1920 (aufgrund seiner Kulturphilosophie in »Individuum und Gemeinschaft« von 1919) nach Leipzig auf einen Lehrstuhl für Philosophie und Pädagogik berufen. Rektor in Leipzig (1930/31), ab 1937 Vortragsverbot und vorzeitige Emeritierung, nach 1945 Wiederaufnahme der Lehrtätigkeit in Leipzig und Bonn. Litt war als »Kulturpädagoge« einer der führenden Vertreter der an Dilthey orientierten geisteswissenschaftlichen Pädagogik.

Heinrich Rickert: Philosoph (1863 – 1936)
Als Sohn eines nationalliberalen Reichstagsabgeordneten studierte Rickert noch ohne Abitur in Berlin Literaturwissenschaften und Philosophie. Vom dortigen Positivismus abgestoßen und durch Marx- und Nietzschestudien desorientiert, wechselt Rickert 1885 nach Straßburg, wo er das Abitur nachholt, bei Windelband u. a. Philosophie studiert und 1888 promoviert (»Zur Lehre von der Definition«). 1891 habilitiert sich Rickert in Freiburg bei Alois Riehl (»Der Gegenstand der Erkenntnis«), dort 1894 a.o. und 1896 o. Professor für Philosophie. 1915 folgt er Windelband auf den Heidelberger Lehrstuhl, den er noch über seine Emeritierung 1932 hinaus vertrat. Trotz einer lebenslangen Agoraphobie war Rickert Mitglied zahlreicher Akademien und Ehrendoktor verschiedenster Fakultäten. Im Anschluß an den Neukantianismus seines Lehrers Windelband arbeitete er nicht nur systematisch den Unterschied von Natur- und Kulturwissenschaften heraus, sondern entwickelte auch eine eigenständige Wertlehre.

Hans Rößner: Germanist (1910 – 1997)
Als Sohn eines Volksschullehrers studierte Rößner in Leipzig Deutsch und Geschichte. 1933 trat er in die SA, 1934 in SS und SD ein, für den er erst ehren-, dann hauptamtlich in der Schrifttumsstelle in Leipzig arbeitete. 1936 ging er nach Bonn, wo er 1937 bei Justus Obenauer promovierte und mit diesem die Aberkennung der Ehrendoktorwürde Tomas Manns vorantrieb. Ab 1938 arbeitete Rößner dann wieder als Referent im SD- und Reichssicherheitshauptamt, wo er für Volkskultur und Kunst verantwortlich war. Noch im April 1945 setzte er sich mit der Regierung Dönitz und Teilen des RSHA nach Flensburg ab, wurde dann aber verhaftet und bis 1948 interniert. Nach dem Krieg arbeitete Rößner als Lektor erst beim Stalling-Verlag, dann im Insel-Verlag und schließlich bei Piper in München, wo er 1958 zum Verlagsleiter aufstieg und u. a. Hannah Arendt betreute (!).

Edgar Salin: Nationalökonom (1892 – 1974)
Studierte Staatswissenschaften in München, Berlin und Heidelberg, Promotion 1913 bei Eberhard Gothein. 1914 Kriegsfreiwilliger und ab 1918 im auswärtigen Dienst in Bern. 1919/20 Rückkehr nach Heidelberg und Habilitation (»Platon und die griechische Utopie«), dort ab 1924 Extraordinarius auf der Gothein-Gedächtnisprofessur. 1927 Berufung nach Basel, wo er bis zum Begin der siebziger Jahre lehrte. Als Freund Wolfskehls und Gundolfs gehörte Salin bis 1920 zum Heidelberger Kreis, weilte dann aber nur noch in dessen »Vorhof«, da ihn George für die Trennung mit Gundolf mitverantwortlich machte.

Arthur Salz: Nationalökonom (1881 – 1963)
Als Sohn eines jüdischen Fabrikanten aus Böhmen studierte er in Berlin und München u. a. bei Lujo Brentano Nationalökonomie, bei dem er 1903 promoviert wurde. In München befreundete er sich um 1902 mit Gundolf, den er später zur Habilitation drängte und der ihm (und nicht George!) seine Schrift über »Shakespeare und der deutsche Geist« widmete. 1909 Habilitation in Heidelberg, 1912 Heirat von Sophie Kantorowicz, der Schwester von Ernst Kantorowicz, und Berufung auf ein Extraordinariat für Nationalökonomie in Heidelberg. In dieser Zeit pflegte er engen Umgang sowohl mit George, der längere Zeit bei Salz in Heidelberg und Baden-Baden wohnte, als auch mit Max Weber, der ihn 1914 mit beinahe maßlosem Einsatz gegenüber der Prager Fakultät verteidigte. Durch den Kriegseinsatz (in der Türkei im Stab Ahmed Dschemal Paschas) zunehmend politisiert, verlagerte Salz sein Interesse auf den Kapitalismus als kulturelles Phänomen und verstrickte sich so nicht nur in die revolutionären Wirren nach 1918 (ein Freundschaftsdienst für Leviné führte ihn vor ein Standgericht, das ihn zwar freisprach, aber die akadem. Karriere und damit die finanzielle Sicherheit kostete), sondern lehrte auch ab 1921 an der Akademie der Arbeit in Frankfurt, einer Ausbildungsstätte, die erfahrene Arbeiter für Tätigkeiten in Gewerkschaft, Staatsdienst oder Wirtschaft vorbereiten sollte. 1933 emigrierte Salz erst nach Cambridge dann nach Ohio, wo er ab 1934 als full professor für Wirtschaftswissenschaften lehrte.

Max Scheler: Philosoph (1874 – 1928)
1894 – 1897 Studium u. a. der Medizin, Psychologie, Nationalökonomie und Philosophie in München, Berlin und zuletzt Jena. Dort auch 1897/99 Promotion (bei R. Eucken) und Habilitation. Konversion zum Katholizismus. 1900 – 1910 Privatdozent in Jena, ab 1906 in München, wo er engen Kontakt zum Münchner und Göttinger Phänomenologenkreis (A. Pfänder, M. Geiger, J. Daubert u. D.v.Hildebrand) pflegt. 1910 wird er infolge eines Skandalprozesses (über die »*Würde eines Hochschullehrers*«) von der

Universität verwiesen. 1919 wird Scheler, der zu dieser Zeit in Holland deutsche Kriegsinternierte betreut und sich von dort aus bei Konrad Adenauer zur »geistigen Führung« der katholischen Jugend des Rheinlandes empfahl, zum Direktor der Abteilung Soziologie am Institut für Sozialwissenschaften in Köln sowie zum Professor für Philosophie an der Kölner Universität ernannt. 1928 und kurz vor seinem Tod erfolgte dann noch einmal eine Berufung zum Professor für Philosophie und Soziologie an die Universität Frankfurt

Eduard Spranger: Philosoph und Pädagoge (1882 - 1963)
1900 - 1905 Studium der Philosophie, Pädagogik, Geschichte, Literatur und Altphilologie in Berlin (u.a. bei Friedrich Paulsen und Wilhelm Dilthey). 1905 Promotion bei Paulsen und Carl Stumpf. 1909 Habilitation. 1906 - 1911 stundenweiser Unterricht an zwei höheren Mädchenschulen. 1911 a.o. Prof., 1912 - 1920 o. Prof. der Philosophie und Pädagogik in Leipzig. 1920 - 1946 Prof. in Berlin. 1933 Rücktrittsgesuch wegen der Hochschulpolitik der nationalsozialistischen Regierung, das er v.a. aus opportunistischen Gründen jedoch bald wieder zurückzog. 1936/37 Austauschprofessor in Japan. Im zweiten Weltkrieg Heerespsychologe. Im Zusammenhang mit dem 20. Juli 1944 (bes. wegen seiner Zugehörigkeit zu der Berliner Mittwochsgesellschaft) verhaftet und für 10 Wochen im Gefängnis Moabit. 1946 bis zu seiner Emeritierung 1952 Prof. für Philosophie in Tübingen. Sprangers wissenschaftliche Tätigkeit ging aus von dem an Dilthey orientierten Versuch, die »Grundlagen der Geisteswissenschaften« umfassend zu untersuchen. Dabei führte ihn sein Weg von der Werturteilsdiskussion, in der er das »Gegengutachten« gegen Weber verfaßte, über die Untersuchung von Lebensformen hin zur geisteswissenschaftlichen Pädagogik, in der er klassisch-humanistische Bildungsideale auf eine lebensphilosophischen Grundlage zu stellen suchte.

Christoph Steding: Historiker (1903 - 1938)
Der Bauernsohn Steding studierte ab 1923 in Freiburg und Marburg u.a. Philosophie, Geschichte, Germanistik und Völkerkunde. 1931 promoviert er in Marburg über Max Weber. Anschließend erhält er ein Reisestipendium der Rockefeller-Foundation, mit dem er erst in der Schweiz, dann in Holland sowie in Skandinavien Material für eine Arbeit über Bismarck und die Neutralitätsidee sammelt. 1935 lernt er Walter Frank kennen, der ihn protegiert und dessen geplantes Buch zum Aushängeschild seines Instituts machen will. Kurz vor dessen Vollendung stirbt Steding jedoch, so daß Frank sein Werk (»Das Reich und die Krankheit der europäischen Kultur«) noch einmal überarbeitet und 1938 mit einem »Denkmal« versehen posthum herausgibt.

Ernst Troeltsch: Theologe und Religionssoziologe (1865 – 1923)
Studium in Erlangen, Berlin und Göttingen, 1890 Habilitation in Göttingen. 1892 a.o. Prof. in Bonn, 1893 Professur für Dogmatik in Heidelberg, ab 1915 für »Kultur-, Geschichts-, Gesellschafts- und Religionsphilosophie und christliche Religionsgeschichte« in Berlin. 1915 kommt es über die Frage einer angemessenen Haltung gegenüber dem Krieg zum Bruch mit dem zuvor freundschaftlich eng verbundenen Weber.